国家职业教育家具设计与制造专业教学资源库建设规划教材

家居
配色设计

郝丽宇　主　编
曹俊杰　姚爱莹　赵　萌　副主编
司　阳　参　编

中国轻工业出版社

图书在版编目（CIP）数据

家居配色设计 / 郝丽宇主编. —北京：中国轻工业出版社，2019.11

国家职业教育家具设计与制造专业教学资源库建设规划教材

ISBN 978-7-5184-2711-6

Ⅰ.①家… Ⅱ.①郝… Ⅲ.①住宅－室内装饰设计－配色－职业教育－教材 Ⅳ.①TU241

中国版本图书馆CIP数据核字（2019）第245309号

责任编辑：陈　萍　　责任终审：李克力　　整体设计：锋尚设计

策划编辑：陈　萍　　责任校对：吴大鹏　　责任监印：张　可

出版发行：中国轻工业出版社（北京东长安街6号，邮编：100740）

印　　刷：北京富诚彩色印刷有限公司

经　　销：各地新华书店

版　　次：2019年11月第1版第1次印刷

开　　本：787×1092　1/16　印张：10.5

字　　数：300千字

书　　号：ISBN 978-7-5184-2711-6　定价：58.00元

邮购电话：010-65241695

发行电话：010-85119835　传真：85113293

网　　址：http://www.chlip.com.cn

Email：club@chlip.com.cn

如发现图书残缺请与我社邮购联系调换

181466J2X101ZBW

国家职业教育家具设计与制造专业
教学资源库建设规划教材编委会

前言

如果把室内设计比作一部电影，那么配色的设计就如同电影中的女主角，它的存在对空间起到至关重要的作用，它不仅是设计的灵魂，更是空间中的“颜值担当”。可见，好的配色是家居设计成功的关键，设计师要重点关注。

本教材帮助学生了解家居配色的基础理论，明确空间配色需要考虑的影响因素，并掌握空间配色的具体步骤和方法。针对设计相关专业学生进行项目化的教学设计，书中知识点由浅入深以七个项目逐步展开。项目1通过制作色彩手册帮助学生了解色彩及配色的基础知识，同时也为后期的配色学习和设计方案的制定提供参考；项目2通过制定不同类型的空间配色方案帮助学生了解配色的常见类型及应用方法；项目3通过制定不同空间环境的配色方案帮助学生明确空间配色受哪些因素影响，应该如何根据空间环境因素进行配色方案的设计；项目4至项目7分别从不同使用人群、不同空间氛围、不同空间风格和不同功能空间的角度进行配色方案的设计，帮助学生了解配色方案设计的具体步骤和方法，从理论讲述到实践应用，从文字说明到图片展示，让学生更直观、更全面地掌握家居配色方案设计的目的、作用、考虑因素、设计步骤、具体方法及注意事项。

本教材在编写过程中遇到的最大困难就是案例图片的搜集，笔者在编写本书之前曾从事三年“家居配色设计”课程的教学工作，在此过程中不断地搜集、积累大量配色设计图片和资料，因此在后期编写此书的过程中，很多图片为配合内容不得不用，又难以查找出处，加上本书需要的图片量非常大，更为图片确权增添了难度，因此，本书中的图片具体出处恕未能详尽标明。在此，请允许我代表广大读者向书中提供图片的各位设计界的前辈表示由衷的敬意与感谢，感谢大家为家居配色设计领域教学的发展做出的杰出贡献！本书为高职高专教材，如案例图片有涉及版权问题，还望各位同人予以理解和包容！或与笔者联系，将尽力按要求在再版书籍中对该部分图片进行署名或更换图片。

本教材在编写过程中得到了多方的支持和帮助，感谢北京国富纵横文化科技咨询股份有限公司、荣麟世佳（北京）家具制造有限公司在校企合作基础上合作开发教材。

由于笔者水平有限，书中不足之处在所难免，恳请有关专家及读者批评指正。

郝丽宇

2019年9月

目录

项目1 制作配色手册 001

1.1 制作色彩手册 001
1.2 制作色调手册 012
1.3 制作四角色和“主、副、点”手册 017

项目2 制定不同配色类型的空间配色方案 022

2.1 制定色相型配色空间配色方案 022
2.2 制定色调型配色空间配色方案 032
2.3 制定及调整配色方案 036

项目3 制定空间环境及材质配色方案 042

3.1 制定空间环境配色方案 043
3.2 制定空间材质配色方案 048

项目4 制定人群配色方案 054

4.1 制定适合不同性别人群的空间配色方案 054
4.2 制定适合不同年龄阶段人群的空间配色方案 061

项目5 制定空间氛围配色方案 072

5.1 制定高档次空间氛围的配色方案 072
5.2 制定有情调空间氛围的配色方案 079
5.3 制定自然感空间氛围的配色方案 084
5.4 制定都市空间氛围的配色方案 090

项目6 制定空间风格配色方案 096

6.1 制定欧式风格的空间配色方案 097
6.2 制定北欧风格的空间配色方案 100
6.3 制定地中海风格的空间配色方案 103
6.4 制定美式风格的空间配色方案 107
6.5 制定中式风格的空间配色方案 110
6.6 制定东南亚风格的空间配色方案 113
6.7 制定田园风格的空间配色方案 116
6.8 制定现代风格的空间配色方案 121

项目7 制定不同功能空间的配色方案 127

7.1 制定客厅空间配色方案 128
7.2 制定餐厅空间配色方案 133
7.3 制定卧室空间配色方案 139
7.4 制定儿童房空间配色方案 144
7.5 制定书房空间配色方案 150
7.6 制定厨房空间配色方案 154

参考文献 159

制作配色手册

知识目标

1 了解色彩的产生原理；
2 明确色彩的分类；
3 掌握色彩三属性的内容及其概念；
4 掌握不同色彩的色彩效应；
5 明确色调的概念，掌握不同色调的色彩印象；
6 掌握色彩搭配的类型和方法；
7 掌握色调搭配的类型和方法；
8 掌握调整配色方案的方法和注意事项。

技能目标

1 能够对色彩进行分类；
2 能够调节色彩的色相、明度和纯度；
3 能够运用色彩的效应进行信息的传达或氛围的营造；
4 能够进行不同类型的色彩搭配；
5 能够调整色彩的色调以营造不同的配色印象；
6 能够对配色效果进行有效调整。

1.1　制作色彩手册

工作任务

任务目标

通过学习了解色彩的产生原理和分类；明确色彩的属性，即色相、明度、纯度；掌握色彩的效应，即色彩语言、色彩心理和色彩联想；明确色彩搭配的基本类型和搭配方法；掌握色调的基本概念、色调印象和调整方法。能够根据所学内容准确描述色彩、表现色彩，并运用色彩进行配色方案的设计和调整。

任务描述

本任务通过知识储备部分内容的学习，完成学习性工作任务——制作配色手册。包括绘制十二色相环、色彩明度渐变条、色彩纯度渐变条；写出常见色的色彩效应；绘制色彩搭配类型的配色样例；绘制色调分区图，并写出每个色调的名称和色彩印象；最后完成配色方案的调整。

工作情景

工作地点：教室或画室。

工作场景：学生使用水粉颜料绘制十二色相环、色彩明度变化条、色彩纯度变化条、色彩效应“说明书”和色调分区图。通过绘制，了解色彩色相、明度、纯度的概念，感受不同色相、纯度、明度的特点及差别；明确不同色彩给人的不同心理感受以及所传递的语言和让人产生的联想，并将其整理成文字进行说明，掌握色调的概念及内容，明确每种色调的特点，为日后学习配色设计奠定扎实的理论基础。

知识储备

1.1.1 什么是色彩

黎明前，你只看见事物的轮廓，却看不到它们的色彩，世界处于寂静与黑暗之中……直到，第一束阳光照耀大地，它赋予我们光明的同时，也让这个世界变得多彩！于是我们发现，要看到色彩首先要有光。

1666年，英国著名的科学家牛顿在剑桥大学的实验室里进行了著名的色散实验，发现太阳光透过三棱镜折射在墙壁上，形成了一条斑斓的色带。牛顿发现原来白色的太阳光是由各种色光合成的，各种色光由于波长的不同，通过三棱镜后发生折射分解现象，从而形成了一定秩序的排列，即红、橙、黄、绿、青、蓝、紫等。之后他将这种色带称为光带，也叫光谱（见图1-1）。

实验证明，太阳光通过三棱镜折射发生色散，阳光中的可见光被分解，我们称之为光谱。

太阳光是一种电磁波,电磁波的振动频率不同形成了不同的波长，也就产生了不同的光波，光波中只有一小部分可以被人眼所感知，我们称这一段波长的光波为可见光，在可见光线外还存在肉眼无法感知的光线，如波长小于400nm的紫外线，和波长大于770nm的红外线等。红色光作为波长最长的可见光，波长大约在770nm；紫色光作为波长最短的可见光，波长大约为400nm（见图1-2）。

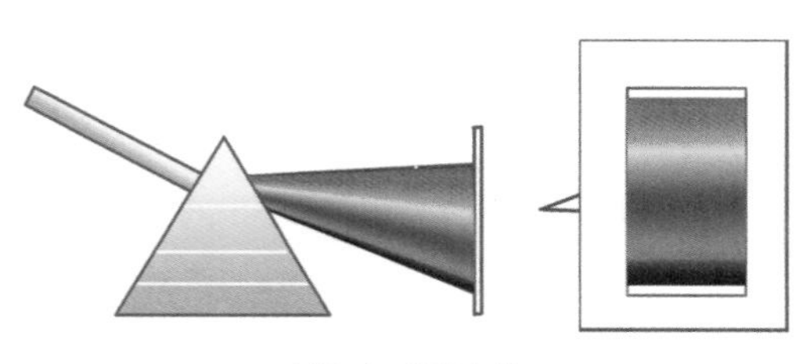

图1-1　光的色散

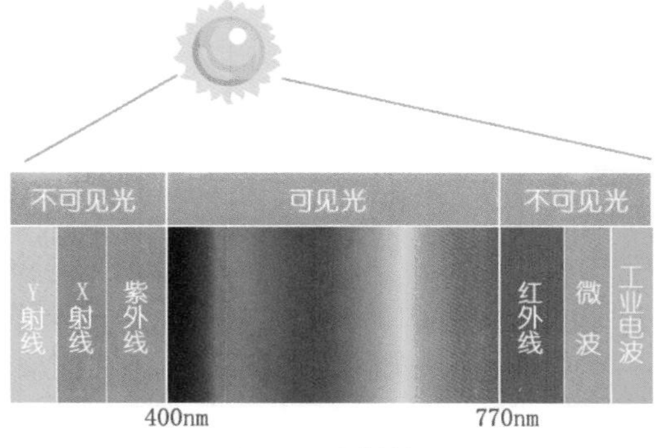

图1-2　光的波长

各种色光的波长如下所示：

红色光：622~770nm	橙色光：597~622nm
黄色光：577~597nm	绿色光：492~577nm
蓝色光：455~492nm	紫色光：400~455nm

我们看到物体的色彩，实际上是物体对可见光线进行了吸收、反射和透射。物体对可见光中一部分色光进行了吸收，而对另一部分色光进行了反射或透射，到人眼就形成了这件物体的色彩，也就是这件物体的固有色。任何物体对光的反射和吸收的能力是固定不变的，但如果光的颜色或周围环境的色彩改变，我们看到物体的颜色也会被影响。如新鲜的树叶主要反射绿色光，因此我们在正常光线下看到叶子是绿色的，但如果单用红色光照在绿色的叶子上，由于叶子只能反射绿色光为主，无法反射足够的红色光，所以此时叶子看上去是黑色或是深红色；如果绿叶周围全部是红色的花朵，花朵反射红色的光线映在绿叶上，绿叶反射的绿色光也会受红色光影响发生色光的叠加而变成发黑的色彩。可见，物体的固有色其实是会受到光源色和环境色影响的。

色彩的形成除了需要有色光照射在物体上再从物体上反射出来以外，还有最为重要的就是色光的接收者——人眼。当光刺激视网膜时，视神经会将这种刺激传至大脑的视觉中枢，从而产生色的感觉，一旦这种感觉联系到了物体，我们就能辨清色彩了。因此，光、物体和人眼就是色彩形成的三个必备条件，三者缺一不可，我们称之为色彩的“三要素”，“三要素”齐备才能产生色彩。

1.1.2　色彩的类型有哪些

色彩的分类方式很多，我们主要从以下角度对色彩进行分类，从而更好地理解色彩体系，掌握色彩规律。

（1）自然色彩、人造色彩和意向色彩

自然色彩是指自然界天然形成的色彩（见图1-3）。自然界是我们获得色彩感性资料的来源，是不依照我们意愿为转移的客观存在的色彩现象，具有强大的包容性和无限的魅力，是我们学习的典范和运用的工具，具有神奇的构成与配色规律，值得我们学习和研究。

图1-3　自然色彩

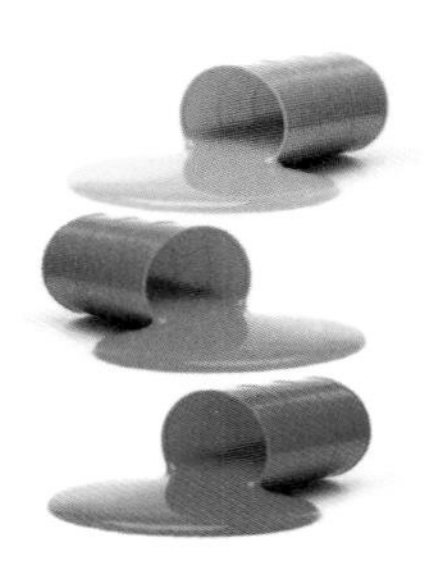

图1-4 人造色彩

图1-5 意向色彩

图1-6 有彩色

图1-7 无彩色

人造色彩指人类通过运用不同的技术手段，使用各种原材料，在自然色彩的基础上创造出的更为丰富和规范化的色彩类型（见图1-4）。人造色彩能呈现出丰富的色彩效果和肌理，能有效刺激视觉神经产生强有力的视觉冲击力，人造色彩进一步满足了我们对色彩审美的需求，也能更好地为人类所用。

意向色彩是指客观物象经过艺术创作、整理、归纳而来的色彩，如我们习惯用红色表达热烈、喜庆的画面，这里运用的红色就是来自人类的意向（见图1-5）。可以说，意向色彩就是一种具有主观思想意识倾向的色彩表达，这种主观思想意识可能来源于历史发展中的文化、日常生活的经验和认知、人们约定俗成的色彩印象或不断总结丰富的色彩表现……

在家居配色设计中，自然色彩、人造色彩和意向色彩形成了配色设计的有机组成部分，能够全面展现配色方案的感性审美和理性意识的传达，是驾驭感性设计和理性设计的必要手段。

（2）有彩色与无彩色

有彩色，即红、橙、黄、绿、蓝、紫等出现在光谱中的色彩，在色彩学中所指的色彩通常是指有彩色，它们决定了配色方案的组成色彩、配色类型、色调等因素（见图1-6）。有彩色让配色方案具有缤纷绚丽的视觉效果，同时能够营造不同的色彩印象和氛围，也是我们家居配色设计学科的主要研究对象。

无彩色指黑色、白色以及黑色与白色之间不同明度的灰色。它们不具有色相、纯度，只有明度（见图1-7）。此外，无彩色也具有完整的色彩性，如无彩色搭配的空间给人沉稳、时尚、简练的视觉效果，但相对单一，容易给人沉闷、无趣的视觉感受。无彩色可用于画面的对比和调和，因此也是配色方案设计中必不可少的色彩元素。

（3）原色、间色和复色

①原色，也叫第一次色，是指不能以其他色彩调配而得，但同时它们又是混合其他一切色彩的原料。原色有红色、黄色和蓝色（见图1-8），此三种颜色纯度最高，通常用来表现鲜艳、明快、强烈、透明度高的色调的画面。

②间色，也叫第二次色，指由两个原色相混合而产生的色彩。间色包括橙色、绿色和紫色（见图1-9），每种间色的色彩感觉都居于两种原色的中间位置，纯度也比较高。间色一般用于表现明快、和谐、中纯度色调的画面。

③复色，也称第三次色，指由原色和间色再次调和产生的色彩。通常包括红橙、橙黄、黄绿、蓝绿、蓝紫、紫红（见图1-10），但按照定义，若我们将不相邻的原色和间色组合，得到的也是复色，如由等量红色和绿色混合而成的红灰、由等量橙色和蓝色混合而成的蓝灰、由等量黄色和紫色混合而成的黄灰（见图1-11）。复色通常用来表现低纯度的灰色画面。

1.1.3　色彩的属性

在日常生活中，你一定会有这样的体验，你想和你身边的朋友谈论人群中的某一个人，这时你很可能会选择通过描述那个人服装的颜色来进行指认，比如说："看对面穿红色衣服的那个人"。而此时，恰巧人群中不止一个穿红色衣服的人，你可能就需要对这种红色进行进一步的描述，比如说："鲜红色的那个"或者是"暗红色的那个"。由此我们发现，色彩与色彩之间不但有分别，就连同样的一个色彩，还可以按照色彩的深与浅、艳丽与朴素等特性进行区分，这就是我们所要了解的色彩的三个属性：色相、明度和纯度。

（1）色相

色相，指色彩所呈现的相貌，它是色彩最重要的特征。色相是区分色彩的主要依据，在可见光谱上，人眼能够感觉到红、橙、黄、绿、蓝、紫等色彩。

我们为了更好地发现色彩之间的规律和秩序，将光谱色按照原色、间色、复色划分为十二等份，然后按色彩的顺序排列成环形，我们称之为十二色相环（见图1-12）。我们通过绘制十二色相环来更直观地了解色彩之间的关系。由图1-12可见，色相环中心部分分别是三个原色以及它们两两混合后产生的间色，外圈是这

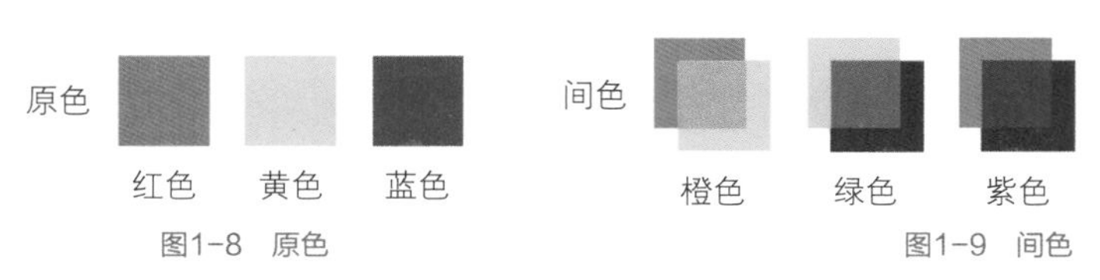

图1-8　原色

图1-9　间色

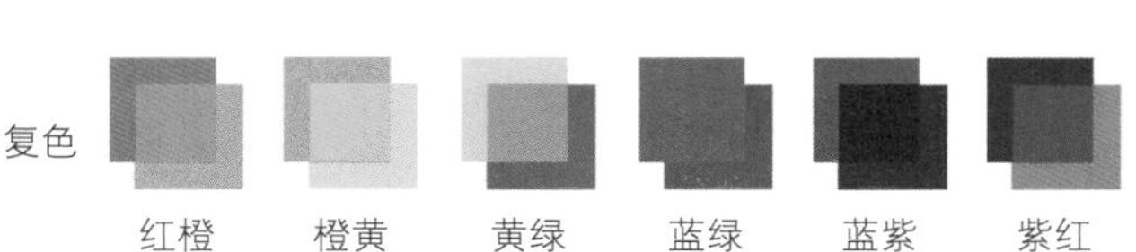

图1-10　复色（1）

图1-11　复色（2）

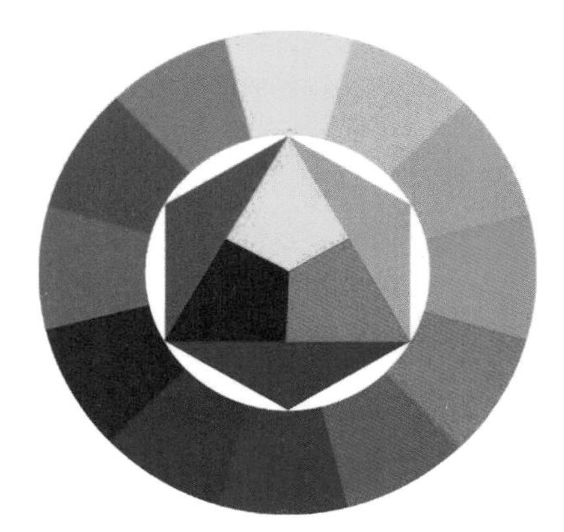

图1-12　十二色相环

些色彩排列而成的圆环，体现了原色、间色和它们之间混合产生的复色，同时也明确了色彩之间的过渡关系。

（2）明度

明度，指色彩的明亮程度，也称色彩的亮度、深浅度（见图1-13）。色彩的明度通常由色彩受光的影响来决定。同样的色彩，照度高的时候明度就高，最高时接近白色；照度低时明度就低，接近黑色。所有光谱色都可以通过改变色彩的明度使色彩效果发生改变，如我们在一个色彩中加入白色，色彩的明度就会提高，高明度色给人干净、柔和的感觉（见图1-14）；反之加入黑色，色彩明度就会降低，低明度色给人暗淡、古旧的感觉（见图1-15）。

图1-13 明度渐变示意图

图1-14 高明度的空间配色

图1-15 低明度的空间配色

图1-16 纯度渐变示意图

图1-17 高纯度的空间配色

图1-18 低纯度的空间配色

（3）纯度

纯度，指色彩的纯净程度，又称为色彩的鲜艳度或饱和度（见图1-16）。通常我们认为色彩的纯度越高越鲜艳，纯度越低越朴素。高纯度色对视觉的刺激性强，给人醒目、活泼、激烈的视觉效果（见图1-17）；低纯度色对视觉的刺激性弱，给人平静、衰弱、暗淡的视觉效果（见图1-18）。在一个高纯度色中加入其他色相的色彩能使其纯度降低，纯度最低时接近灰色。

1.1.4 色彩的效应

在日常生活中，色彩不只起到了装饰环境的作用，同时，色彩也在进行着一些信息或意向的传达，比如红绿灯的红灯亮起代表危险、停止通行，而绿灯亮起则代表安全、可以通行；再比如说看到绿色会让我们觉得平和、自然和富有生机，甚至还会产生联想，有些人会想到青草绿树，然后联想到自然界、环境保护、生命等。色彩能够传达信息，给人带来心理上的感受，让人产生联想，这就是我们所说的色彩的效应。对应以上阐述，我们可以将色彩的效应细分为三个部分，即色彩的语言效应、色彩的心理效应和色彩的联想效应。

（1）色彩的语言效应

色彩的语言效应主要是利用一些约定俗成的关于色彩的语言，借此简明直接地传达信息或指令。如之前我们提到的红绿灯，就是人们一致将红色定义为危险、禁止的色彩，将绿色定义为安全、可行的色彩，而黄色则被定义为警告、警示的色彩；除红绿灯外，公共场所内或道路两侧的一些告示牌、警示牌、路标、交通标志等，也都运用了这样的色彩语言，以此达

图1-19　色彩语言的应用

图1-20　色彩心理的产品应用

到传递指示信息、下达指令等目的（见图1-19）。

（2）色彩的心理效应

色彩的心理效应是利用不同色彩的不同波长对人的心理乃至生理产生的影响，以此让人们产生心理上的变化，从而起到营造和渲染氛围、优化环境的作用。如绿色给人感觉清新舒适，贴近自然，让人感到放松，同时绿色光的波长对人眼有保健的作用，因此一些环保产品或无公害食品都喜欢采用绿色包装，从而给人健康、安全的印象（见图1-20）；又如蓝色给人感觉清凉、舒爽，因此炎炎夏日人们更倾向于穿蓝色的衣服或在蓝色调的空间里避暑（见图1-21）。

图1-21　色彩心理的空间应用

（3）色彩的联想效应

色彩的联想效应主要是利用人们在已有的生活经验中对色彩的印象进行一些概念的转化。比如，提起蓝色大家都会想到大海、蓝天等具体事物，这些是具象的联想；再进一步联想可以是在蓝天自由翱翔，在大海上无拘无束漂泊，由此联想到“自由”“ 无拘束”等抽象的概念，这些是抽象的联想。设计师可以根据这些联想在配色设计中传达自己的理念或意图，有时甚至可以营造出让人无尽遐想的具有趣味性的空间配色。

如图1-22所示，此空间的配色主要运用空间色彩的联想效果，由蓝色产生的具象联想——星空，抽象联想——遨游太空、实现梦想。

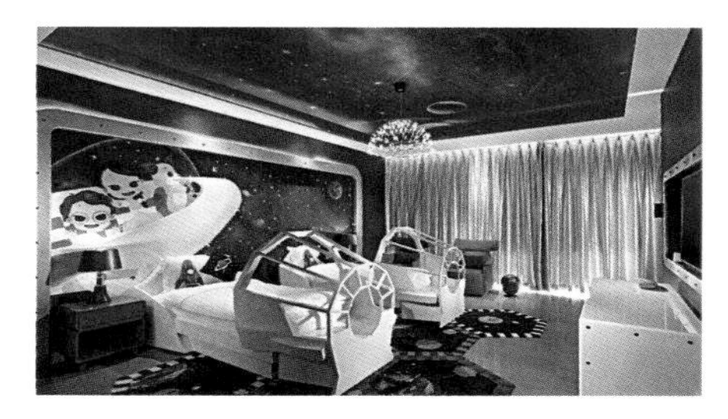

图1-22　色彩联想的空间应用

我们想要做出好的配色作品，首先要明确每一种色彩能够产生怎样的色彩效应，明确它的色彩语言是什么，会给人带来什么样的生理及心理感受以及会让人产生哪些联想，才能根据需要设计出符合预期的配色方案。

这里提醒大家注意，我们所说的色彩效应必须是具有普遍性的、能引起共鸣的效应，比如小明儿时常被穿绿色衣服的恶人伤害，成年后仍然畏惧绿色，因此他认为绿色让他没有安全感，但这只是他个人的感受和联想，并不能引起别人的共鸣，因此，如果他用绿色传达“危险”“伤害”等信息是行不通的；另外，同一色相改变明度或纯度，也会产生色彩效应的改变，比如深红色让人联想起成熟稳重的女性，而浅红色则是年轻女性的象征，这就需要大家进行针对性的分析和运用，不要一概而论。

我们将常见色的色彩效应进行总结，见表1-1，大家可以在此基础上进行进一步的分析和研究，以作为日后配色设计的参考依据。

表 1-1　色彩效应一览表

色彩名称	色彩的语言效应	色彩的心理效应	色彩的联想效应	
			具象联想	抽象联想
红	危险、禁止、喜庆	温暖、热情、活泼、酷热、兴奋、刺激、喜悦	火、苹果、血、太阳、辣椒、灯笼	吉祥、喜庆、革命、危险、热情、进步
橙	—	温暖、热烈、兴奋、明亮、华丽	橙子、果汁、秋天、南瓜	甜蜜、自由、健康、快乐
黄	警示	光明、温暖、华贵、诱惑、热情、酸甜、幸福、快乐、轻松	阳光、向日葵、橙汁、柠檬、黄袍	光明、希望、权威
绿	安全、可以通行、环保	健康、生机、清爽、安静、舒心、酸、平和、年轻	大自然、春天、植物、森林、蔬菜、青苹果	青春、新生、和平、希望、春天
蓝	提示、低温	冷、静、平和、素雅、高洁、忧郁	蓝天、海洋、湖泊、水、冰雪、冷气	永恒、尊严、诚实、高尚
紫	—	神秘、安静、忧郁、浪漫、高贵、灵性	葡萄、紫藤、紫罗兰、茄子、薰衣草	高贵、神圣、痴情、古朴
白	干净、哀悼	洁净、光明、冷、肃静、正义、神圣、轻、柔软	白云、冰雪、馒头、医院、兔子、牛奶、婚纱	纯洁、高尚、光明、哀思、神圣、正义
灰	隐秘、不光彩	冷淡、安静、苦涩、寂寞、沉郁、含蓄	阴天、老鼠、铅、尘埃	悲哀、平凡、中立、沉寂
黑	正式、沉重、庄严、邪恶	黑暗、恐怖、神秘、阴森、庄严、绝望、邪恶、沉重、坚硬	夜晚、煤炭、黑板、墨水、乌鸦、头发	严肃、坚毅、哀悼、罪恶、死亡、恶势力
金、银	价值、高档	华贵、活泼、跳跃	黄金、白银	高贵、豪华、幸福、价值、财富

1.1.5　色彩的感觉

色彩作为视觉要素中最活跃的因素，在能对视觉起到刺激作用的同时，也能营造出其他感官的联觉反应，主要体现在以下几个方面。

（1）冷暖感

色彩的冷暖感是由色相决定的，在色相环上，我们将绿色和紫色作为分界点，从紫红到黄绿部分的色彩给人温暖、热烈的感受，因此我们将这些色彩称为暖色；反之，从蓝绿到蓝紫部分的色彩给人清凉、冰冷的感受，我们将这些色彩称为冷色；绿色和紫色介于两者之间，没有明显的冷、暖倾向，因此我们将这两个颜色称为中性色（见图1-23）。色彩的冷暖感主要来自人们的生活经验，我们看到很多发热的物体，如火焰、太阳、燃烧的炉灶等色彩都是暖色，所以当我们再看到这些暖色就能联想到这些事物，因而产生了热的感觉；再比如，我们看到很多冰冷的物体，如冰块、雪山等色彩多是白色等冷色，因此这些颜色给了我们冷的印象。

我们可以利用色彩的冷暖感进行环境温度的调节，如将较寒冷的房间布置为暖色，中和房间冰冷、阴郁的气息（见图1-24）；再比如较为燥热的房间，如使用冷色调进行布置，则能让空间看起来更清爽、凉快（见图1-25）；中性色的房间则布置在温度适中的空间里（见图1-26）。

（2）色彩的软硬感

色彩的软硬感主要来源于色彩的明度，纯度有时也能起到一点作用。明度高的色彩通常给人柔软的感觉，如淡蓝色、淡黄色、米白色等；明度较低同时纯度较高的色彩能产生坚硬的感觉，如青灰色、蓝黑色、熟褐色等。这也是来自我们日常生活的经验和联想，通常我们看到较为柔软的东西，如棉花、皮肤、羽毛等物品，色彩多为高明度的浅色，而一些较硬的钢铁、石块、砖头等多为低明度的深色。

在空间配色中，我们通常运用高明度色营造放松、舒适的空间氛围，在婴儿房（见图1-27）、老人房（见图1-28）、卧室（见图1-29）等较为休闲的空间里常使用柔软的色彩进行装饰。

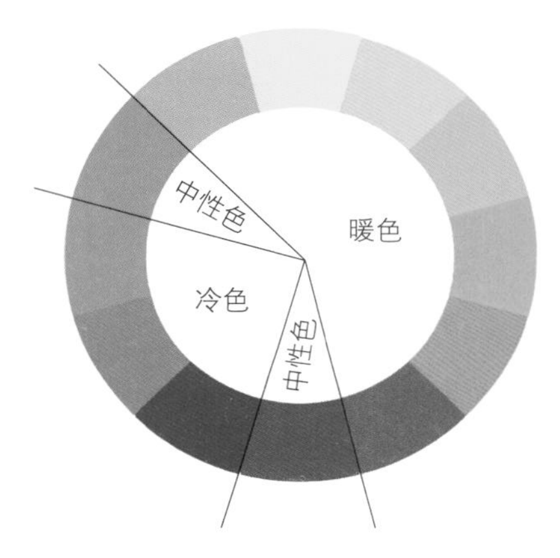

图1-23　冷色、暖色、中性色在色相环上的体现

图1-24　暖色空间

图1-25　冷色空间

图1-26　中性色空间

图1-27　婴儿房配色

图1-28　老人房配色

图1-29　卧室配色

图1-30　男性客厅

图1-31　书房

图1-32　办公室

（3）色彩的轻重感

色彩的轻重感和色彩的明度有关，高明度色给人轻盈、漂浮、上升的感觉，如淡蓝色、乳白色等，低明度色给人下降、下沉、稳重、踏实的感受，如大地色、深蓝色、深灰色、黑色等。同时，色彩的软硬感也受色彩纯度、色块的面积、肌理等因素的影响。在色相和明度不变的情况下，色彩的纯度越高感觉越轻，纯度越低感觉越重；色块面积越小感觉越轻，色块面积越大感觉越重；色彩质地细腻感觉轻，质地粗糙感觉重；从色相上看，由轻到重可以将色彩排列为白、黄、橙、红、灰、绿、蓝、紫、黑。

在空间配色中，分清色彩的轻重感可以帮助我们更好地确定色彩的位置关系或确定每个部位色彩的纯度、明度关系，以营造“天清地浊”的有序组合，让空间色彩看起来更舒服、和谐；在空间顶部布置高明度色使之产生上升感，地面布置低明度色使之产生下沉感，墙面及家具的色彩明度居中，能在视觉上产生高度延伸的感受，从而改善空间高度不够所产生的压抑感，也让空间更有层次（见图1-33）。

图1-33　体现轻重感的空间配色

（4）色彩的远近感

色彩在视觉上能够产生前进或后退的感觉，这是由色彩的色相、明度、纯度、面积等多种对比造成的错觉现象，通常暖色、高纯度色、高明度色都能给人向前靠拢的感受，称为前进色；反之，冷色、低纯度色、低明度色给人向后推远之感，称为后退色。

在空间配色中，可以运用色彩的“前进”或“后退”感调节空间的面积感，或突出空间主体、丰富空间层次，是运用色彩进行空间调整的一种有效手段（见图1-34）。

图1-34　前进色与后退色

（5）色彩的动静感

色彩的动静感与色彩的对比情况有关。色彩数量越多、色彩之间的色相差距越大，配色效果越热闹和富于动感；反之，色彩数量越少、色彩之间的色相差距越小，配色效果越安静、平稳，具有静止

图1-35 热闹的空间配色

图1-36 安静的空间配色

图1-37 干燥感的空间配色

图1-38 潮湿感的空间配色

的视觉感受。同时，高纯度色视觉冲击力较强，给人活跃、运动的感觉；低纯度色则给人平静、稳定的感受（见图1-35和图1-36）。

在空间配色中，空间的动静感可以帮助营造热闹或安静的空间氛围，从而满足使用者的心理需求。

（6）色彩的干湿感

色彩的干湿感主要通过色相进行区分。通常暖色给人干燥的感觉，如土黄、橙黄、橙红、土红等（见图1-37）；冷色则产生清爽、湿润的感觉，如淡蓝、水蓝、蓝绿、湖蓝等（见图1-38）。

在空间配色中，可以运用色彩的干湿感改善视觉上的干湿环境，让使用者得到一种心理上的干湿补偿，从而让空间看起来更舒适宜居。

任务实施

（1）布置学习任务

明确学习任务的内容、目标、要求，特别是学习性工作任务的内容、目标、要求及完成学习性工作任务所需要掌握的理论知识、方法、途径和步骤，明确可利用的资源，要求学生课前按思考与复习要求完成知识储备部分内容的预习。

（2）理论知识引导学习

采用教师主导、学生为主体、理论与实践相结合的教学方法完成知识储备部分理论知识的学习。

（3）绘制十二色相环

绘制十二色相环，并在色相环上体现原色、间色、复色和冷、暖色的划分。

（4）绘制色彩明度、纯度变化条

绘制出红、橙、黄、绿、蓝、紫六色的色彩明度七级渐变条和纯度七级渐变条。

（5）制作色彩说明书

以小组为单位，针对常用色进行色彩语言、色彩心理和色彩联想的分析整理，形成一览表。

总结评价

学生完成学习任务后，教师根据学生对知识的掌握情况、完成作业的准确情况和学习态度进行评价，肯定优点的同时提出改进意见。

思考与复习

1. 色彩是怎样形成的？色彩形成的三要素是什么？
2. 什么是自然色彩？什么是人造色彩？什么是意向色彩？
3. 原色、间色、复色的概念和内容。
4. 有彩色有哪些？无彩色有哪些？
5. 冷色、暖色、中性色分别指哪些颜色？
6. 色彩的三属性是什么？
7. 如何改变色彩的明度？
8. 如何改变色彩的纯度？
9. 什么是色彩效应？色彩效应包括哪些内容？
10. 色彩的语言效应是指什么？请举例说明色彩语言效应在生活或设计中的应用。
11. 色彩的心理效应是指什么？请举例说明色彩心理效应在生活或设计中的应用。
12. 色彩的联想效应是指什么？请举例说明色彩联想效应在生活或设计中的应用。
13. 色彩的感觉有哪些？说明如何改变色彩的各种感觉。

巩固训练

上网查找任意家居配色图片，谈谈图片中出现了哪些色彩，这些色彩的明度、纯度的情况如何，分析设计者为何选择这些色彩，运用了色彩的什么效应，所产生的色彩感觉是怎样的。

1.2 制作色调手册

工作任务

任务目标

通过学习了解色彩的色调，即由色彩明度、纯度数值交叉而成的色调体系；明确不同色调的配色印象，能够准确描述色彩、表现色彩，并运用色彩进行设计表达。

任务描述

本任务通过知识储备部分内容的学习，完成学习性工作任务——色彩属性及色彩效应。

工作情景

工作地点：教室或画室。

工作场景：学生使用水粉颜料绘制6种常用色彩的不同色调并写出色调的配色印象。通过绘制了解色调的概念，感受不同色调的特点及差别并将其整理成文字进行说明，这份色调“说明书”可作为日后选择色调进行配色方案设计的参考依据。

知识储备

1.2.1　什么是色调

我们日常所说的色调通常是指对画面或空间整体颜色的概括评价，是色彩配置所形成的一种色彩的总体倾向。例如在室内颜色的搭配时，采用大面积的蓝色，我们通常称之为蓝色调；而画面整体具有黄绿色倾向的，我们称之为黄绿色调；又比如画面的色彩以冷色为主导，我们称之为冷色调，以暖色为主导，我们称之为暖色调。所以我们认为日常所说的色调无非是色相为主导的色调或冷暖色调两种，但在配色设计领域，我们所说的色调却并非如此。

配色设计中所讲的色调，指的是空间所有色彩在色彩属性上的倾向，也就是色彩色相、明度、纯度形成的色调体系，它是影响配色效果的首要因素。即使色相不统一，只要色调一致，画面也能够展现出统一的配色效果，同样色调的颜色组织在一起就能产生共同的色彩印象。

1.2.2　色调的类型与印象

色调是指色彩的浓淡、强弱程度，由明度和纯度数值交叉而成。色调是影响配色效果的首要因素，同样色调的颜色组织在一起，就能产生共通的色彩印象。为了能准确掌握这些色调，可将这一体系划分成12个区域（见图1-39和表1-2）。掌握这些色调分区及色调，将在我们今后的配色设计中发挥重要的作用。

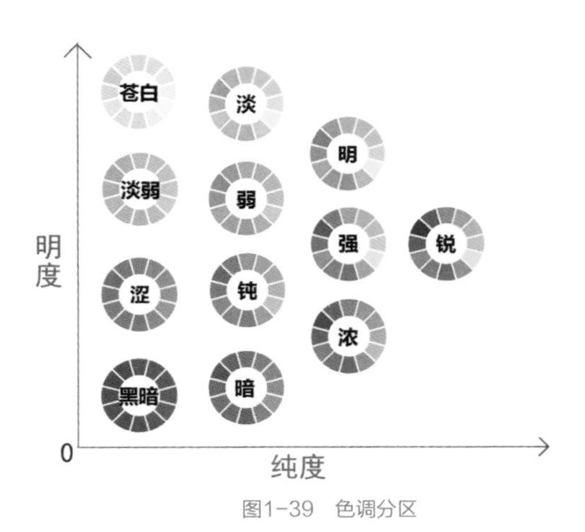

图1-39　色调分区

表 1-2　色调分区一览表

色调名称	色调说明	色调特点	案例图片
锐调	色彩中不掺杂白色、黑色或灰色的最纯粹、最艳丽的色调，视觉刺激强烈	鲜明、活力、醒目、激情、健康、艳丽、清晰、开放、幼稚	
明调	在纯色里加入一点白色，色彩的纯度降低，明度升高，色彩变得干净柔和，给人明朗的感觉	天真、单纯、快乐、平和、舒适、纯净、澄清	
强调	在纯色中加入一点灰色，色彩的纯度有所减弱，明度不变，视觉冲击力稍减	热情、活力、动感、开朗、活泼、纯真、年轻	
浓调	在纯色中加入一点黑色，色彩的纯度降低，明度降低，色彩变得浓郁厚重，具有重量感和成熟、沉稳的感觉	高级、成熟、浓重、充实、华丽、丰富、沉稳	
淡调	在纯色中加入更多的白色，色彩的纯度继续降低，明度进一步升高，色彩的视觉冲击力大幅减弱，给人柔和、清新、恬静的感觉	柔软、细腻、纯真、梦幻、甜美、清新、温顺、婴儿	

续表

色调名称	色调说明	色调特点	案例图片
弱调	在纯色中加入明度较高的灰色，色彩的纯度继续降低，明度偏高，色彩变得素净干练	雅致、温和、朦胧、温柔、和蔼、舒畅	
钝调	在纯色中加入明度偏低的灰色，色彩的纯度继续降低，明度偏低，色彩变得朴素自然	浑浊、田园、高雅、成熟、稳重、高档、庄严	
暗调	在纯色中加入更多的黑色，色彩的纯度继续降低，明度也随之进一步降低，色彩变得浑浊，更具重量感	坚实、成熟、安稳、结实、传统、执着、古旧	
苍白调	在色彩中加入大量白色，色彩的冲击力被进一步弱化，明度升高趋向于白色，给人干净、虚弱之感	轻柔、浪漫、透明、简洁、纤细、天真、干净	
淡弱调	在色彩中加入大量高明度的灰色，色彩的冲击力被进一步弱化，给人洗练、素雅之感	洗练、高雅、内涵、女性、雅致、舒畅、素净	

续表

色调名称	色调说明	色调特点	案例图片
涩调	在色彩中加入大量低明度的灰色，色彩的冲击力被进一步弱化，给人古朴、安静之感	成熟、朴素、优雅、古朴、安静、高雅、稳重	
黑暗调	在色彩中加入大量黑色，色彩的明度和纯度降到最低，接近于黑色，给人庄严、厚重之感	厚重、沉稳、高档、严肃、强力、庄严、古朴	

任务实施

（1）布置学习任务

明确学习任务的内容、目标、要求，特别是学习性工作任务的内容、目标、要求及完成学习性工作任务所需要掌握的理论知识、方法、途径和步骤，明确可利用的资源，要求学生课前按思考与复习要求完成知识储备部分内容的预习。

（2）理论知识引导学习

采用教师主导、学生为主体、理论与实践相结合的教学方法完成知识储备部分理论知识的学习。

（3）制作色调“说明书”

绘制红、橙、黄、绿、蓝、紫六色的十二色调图（见图1-40），并用文字在每个色调旁注明色调的名称。

（4）制作色彩“说明书”

以小组为单位，通过网络查找符合十二色调的家居配色图片，并试着说出每幅图片的色调名称及配色印象，以演示文稿的形式进行体现。

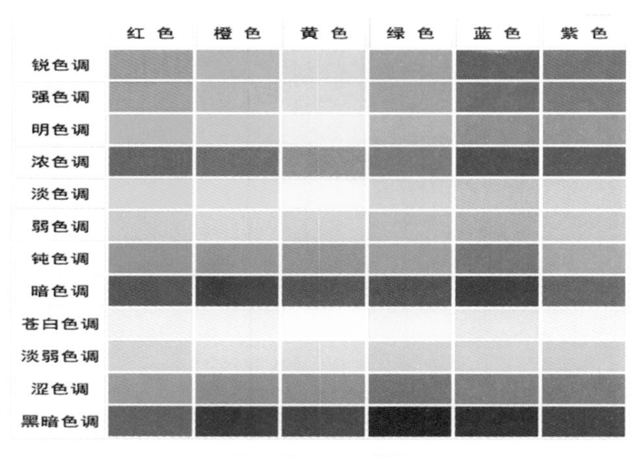

图1-40 十二色调图

总结评价

学生完成学习任务后，教师根据学生对知识的掌握情况、完成作业的准确情况和学习态度进行评价，肯定优点的同时提出改进意见。

思考与复习

1. 什么是色调?
2. 空间配色的色调受哪些因素影响?
3. 锐调的配色印象是什么?
4. 明调的配色印象是什么?
5. 强调的配色印象是什么?
6. 浓调的配色印象是什么?
7. 淡调的配色印象是什么?
8. 弱调的配色印象是什么?
9. 钝调的配色印象是什么?
10. 暗调的配色印象是什么?
11. 苍白调的配色印象是什么?
12. 淡弱调的配色印象是什么?
13. 涩调的配色印象是什么?
14. 黑暗调的配色印象是什么?

巩固训练

上网查找任意家居配色图片，谈谈配色中是否运用了色调配色的方法，这些色调的情况如何，分析设计者为何选择这些色调，表现了怎样的配色效果。

1.3　制作四角色和“主、副、点”手册

工作任务

任务目标

通过学习了解空间配色中的四角色和“主、副、点”的概念，明确四角色和“主、副、点”分别包含哪些内容，有什么区别。能够根据所学内容准确找出空间的四角色和“主、副、点”，并能对空间的四角色和“主、副、点”进行基本的分析和搭配。

任务描述

本任务通过知识储备部分内容的学习，完成学习性工作任务——空间四角色和“主、副、点”的辨识；写出示例图片的四角色和“主、副、点”，并以文字形式进行分析说明。

工作情景

工作地点：教室或画室。

工作场景：学生通过学习，明确空间配色的四角色和“主、副、点”的基本概念，掌握两者的主要区别。明确空间的四角色分别是什么，每个角色存在的意义和作用是什么；明确空间配色的主色、副色和点缀色分别是什么，主色、副色、点缀色存在的意义和作用是什么。掌握分析空间配色方案四角色和“主、副、点”的方法，为日后学习配色设计奠定扎实的理论基础。

知识储备

1.3.1 四角色

四角色指的是家居配色中每种色彩在空间中的主次位置，空间中的色彩依附于空间的各个界面，包括顶面、墙面、地面这些大的界面，也包括家具、陈设、布艺、装饰品等中等或较小的界面，这些色彩在空间中依附的界面不同，在空间中的角色就不同，我们将空间中色彩的界面按照其位置关系划分为四种角色，分别为背景色、主角色、配角色、点缀色（见图1-41）。

图1-41　四角色分析

（1）背景色

背景色是空间中占据最大面积的色彩，例如天花板、墙面、地面等。因为面积最大，所以引领了整个空间的基本格调，起到奠定空间基本色彩印象的作用。在同一空间中，家具的色彩不变，更换背景色就能够改变空间的整体色彩感觉，例如同样是白色的家具，蓝色的背景（见图1-42）就显得清爽，而黄色的背景则显得活跃（见图1-43）。

在顶面、墙面、地面所有背景色界面中，因为墙面占据着人们水平视线的部分，往往是最引人注意的地方，因此，改变墙面色彩是最为直接改变色彩感觉的方式。在家居空间中，背景色通常会采用比较柔和的淡雅的色调，给人舒适感（见图1-44）。若追求活跃感或华丽感，则使用浓郁的背景色（见图1-45）。

（2）主角色

主角色指占据空间中心位置的色彩，通常由大型家具或一些室内陈设、软

图1-42　蓝色背景空间

图1-43　黄色背景空间

图1-44　淡雅背景色的空间

图1-45　浓郁背景色的空间

图1-46　与背景色一致的主角色

装饰等构成的中等面积色块，具有重要地位，如客厅的主角色是沙发的色彩，卧室的主角色则是床的色彩。

主角色的选择可以分为两种：一种是选择与背景色接近的，但色彩纯度相对较高的色彩作为主角色，此种搭配较为容易掌握，能够营造出和谐、稳定的配色效果（见图1-46）；另一种是选择与背景色反差大的色彩作为主角色，这种搭配视觉冲击力强，能够很好地突出主角色，同时能够营造活跃、艳丽的空间效果（见图1-47）。

（3）配角色

配角色通常在主角色旁边或成组的位置，面积较大但小于主角色。比如三人位沙发旁边的单人位沙发，或是床头柜或床尾榻。配角色一方面成为主角色的陪衬，帮助突出视觉重心；另一方面，配角色可以与主角色相互呼应，产生舒适的对比，以丰富空间的配色效果。配角色通常与主角色保持一定的色彩差异，既能突显主角色，又能丰富空间的配色效果。配角色和主角色搭配决定了空间的配色类型，也构成了空间的基本色（见图1-48）。

（4）点缀色

点缀色是指空间中体积小、可移动、易于更换的物体的颜色，例如沙发靠垫、台灯、织物、装饰品、花卉等。点缀色通常是空间中的点睛之笔，可用来打破单调的配色效果，制造生动的视觉感受（见图1-49）；当空间氛围足够活跃，点缀色也可以与主角色相接近，通过提高明度或纯度的方法来进行色彩之间的呼应，以强调这一色彩在空间中的主导性地位（见图1-50）。需要注意，点缀色的面积不宜过大，面积小才能够加强冲突感，提高色彩的张力。

在运用四角色进行配色方案设计时，首先根据业主

图1-47　与背景色反差大的主角色

图1-48　配角色辅助、衬托主角色

图1-49　活跃氛围的点缀色

图1-50　呼应主色的点缀色

主观喜好、空间功能、风格等因素考虑主角色，然后根据空间客观环境、业主主观喜好、空间氛围、风格等因素进行背景色的确定，再继续根据拟采用的配色类型搭配配角色，最后根据色彩搭配的预期效果和目前的效果进行点缀色的设置。这样的方式主体突出，不易产生混乱感，操作起来比较简单。

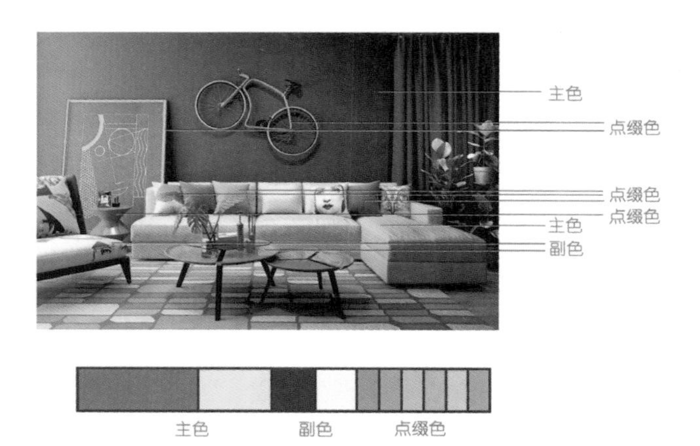

图1-51 “主、副、点”分析

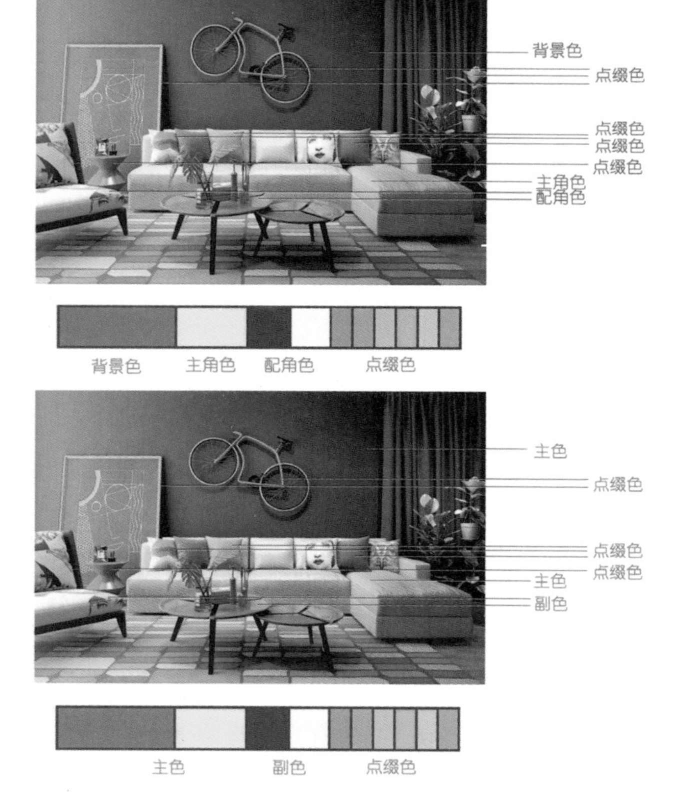

图1-52 四角色与“主、副、点”对比

1.3.2 主色、副色、点缀色

（1）主色、副色、点缀色

在空间配色中，通常会出现占有绝对面积优势的色彩，空间中面积最大、出现最多，我们称其为主色；副色指空间中面积中等、影响力稍弱的色彩；点缀色指空间中出现的小面积的只起到活跃空间配色作用的色彩（见图1-51）。

（2）四角色与“主、副、点”

空间配色的四角色，主要是通过色彩附着物的身份来进行区别的。比如主角色指的是占据空间视觉中心的面积最大的物体的色彩；配角色指的是主角色旁边面积较大的物体的色彩。而“主、副、点”则是从色彩在空间中所占面积比例的角度来进行划分的。通常，空间中的背景色因其面积比例大，会成为空间主色，而主角色不一定是主色；主角色和配角色因其面积比例不够大，通常作为副色存在；四角色中的点缀色和“主、副、点”中的点缀色是一致的（见图1-52）。

四角色方便明确各类物品的色彩，易于在实际配色活动中进行运用。而“主、副、点”从色彩面积的角度进行空间色彩的归纳，有助于从整体角度对空间配色印象进行分析和把握。两种分类方法可以帮助我们从不同角度分析和运用空间配色，应根据实际需求进行选择运用。

任务实施

（1）布置学习任务

明确学习任务的内容、目标、要求，特别是学习性工作任务的内容、目标、要求及完成学习性工作任务所需要掌握的理论知识、方法、途径和步骤，明确可利用的资源，要求学生课前按思考与复习要求完成知识储备部分内容的预习。

（2）理论知识引导学习

采用教师主导、学生为主体、理论与实践相结合的教学方法完成知识储备部分理论知识的学习。

（3）制作配色方案四角色分析报告

上网查找配色图片，分析该空间配色的四角色分别是什么？这些色彩的色调如何？配色类型是什么？通过制作演示文稿进行表述。

（4）制作配色方案“主、副、点”分析报告

上网查找配色图片，分析该空间配色的主色、副色、点缀色分别是什么？这些色彩的色调如何？配色类型是什么？通过制作演示文稿进行表述。

总结评价

学生完成学习任务后，教师根据学生对知识的掌握情况、完成作业的准确情况和学习态度进行评价，肯定优点的同时提出改进意见。

思考与复习

1. 什么是空间配色的四角色？四角色包括哪些内容？
2. 请说出背景色的概念及作用。
3. 请说出主角色的概念及作用。
4. 请说出配角色的概念及作用。
5. 请说出点缀色的概念及作用。
6. 请说出四角色配色的顺序和基本方法。
7. 什么是主色、副色、点缀色？
8. “主、副、点”和四角色的区别是什么？

巩固训练

上网查找任意家居配色图片，分析图片中空间配色的四角色分别是什么，分析配色中的主色、副色分别是什么，配色的效果如何。

制定不同配色类型的空间配色方案

知识目标

1 了解色彩搭配的主要类型；
2 明确各种色相型搭配的概念及配色效果；
3 掌握色相型配色的应用方法和注意事项；
4 了解色调搭配的主要类型；
5 明确色调型搭配的概念及配色效果；
6 掌握色调型配色的应用方法和注意事项；
7 了解调整空间配色方案的手段；
8 掌握调整配色方案的方法和注意事项。

技能目标

1 能够根据不同配色类型进行空间配色方案的设计；
2 能够运用不同色相型配色进行空间配色方案的设计；
3 能够运用不同色调型配色进行空间配色方案的设计；
4 能够对配色方案进行突出主角的调整；
5 能够对配色方案进行整体融合的调整；
6 能够独立完成配色方案的分析、设计和说明。

2.1 制定色相型配色空间配色方案

工作任务

任务目标

通过学习了解色彩搭配的基本类型及其特点，明确不同色彩搭配类型的搭配方法和注意事项。能够正确运用适合的配色类型进行色彩搭配方案的设计，并能够对配色方案进行有效的色彩调整。

任务描述

本任务通过知识储备部分内容的学习，完成学习性工作任务——色彩搭配方案设计。学生要明确色彩搭配有哪些类型，每种搭配类型的主要内容及其特点，不同配色类型的配色效果、应用方法及注意事项；能够运用不同配色类型独立完成不同类型配色方案的设计应用。

工作情景

工作地点：多媒体教室或机房。

工作场景：教师或学生提前准备未涂色的室内设计效果图，按照不同配色类型要求进行色彩方案设计和表现。可根据教学条件选择在手绘效果图上用彩铅填充色彩；也可在电脑上用photoshop等图像处理软件在电子版的效果图上进行色彩的填充；还可以在网上查找地板、墙面、家居配饰等设计元素进行抠图再加以组合等形式进行配色效果的表现；以图片展示为主、文字分析说明为辅的形式形成演示文稿，每组派1~2名同学进行方案的展示和讲解，师生共同提出优点及修改意见，经过对方案的二次修改完善后进行配色方案的提交。

知识储备

2.1.1　同相型搭配

同相型配色指空间中所运用的大部分色彩全部属于同一色相，只有明度或纯度的差别，在色相环色彩差距不超过30° 的色彩都属于同相型配色（见图2-1）。

家居空间中常见的同相型配色有红色系配色、橙色系配色、黄色系配色、绿色系配色、蓝色系配色、紫色系配色；如调整色彩的明度、纯度，还可细化出棕色系配色、茶色系配色、粉色系配色等；此外，由黑、白、灰组成的色彩搭配，由于三者都没有纯度，只有明度差距，因此，可将其视为同相型配色；如果空间配色中存在比重较大的同相色和少部分无彩色系，则无彩色系不计算色相数量，该色彩搭配仍然属于同相型配色。

同相型配色通常给人整齐、统一、稳重、平静、时尚的感觉，是最容易把握的配色类型（见图2-2）。

（1）同相型配色的特点

①主导性：同相型配色由于空间中大部分色彩都是同一色相，因此色彩本身的印象对配色效果影响很大。如红色系的空间给人感觉热烈、有激情（见图2-3）；而蓝色系的空间则产生清爽、忧郁的配色效果（见图2-4）。

②统一性：同相型配色空间中的色彩色相一致，容易产生统一的配色效果，整体感觉和谐整齐。

③人工性：同相型配色若非人为，在自然界中是较难呈现出来的景象，因此容易产生非自然性的、理性的配色印象，给人时尚、前卫的感觉。

④执着感：同相型配色能体现设计者对某一种色彩的坚持和执着追求，能体现很强的执着感。

（2）同相型配色的优势及劣势

①优势：同相型配色空间配色效果统一整齐，容易产生和谐稳定的配色效果，明显区别于色相较多的配色类型产生的民俗化气质，给人感觉时尚、前卫，是比较容易驾驭的配色类型。

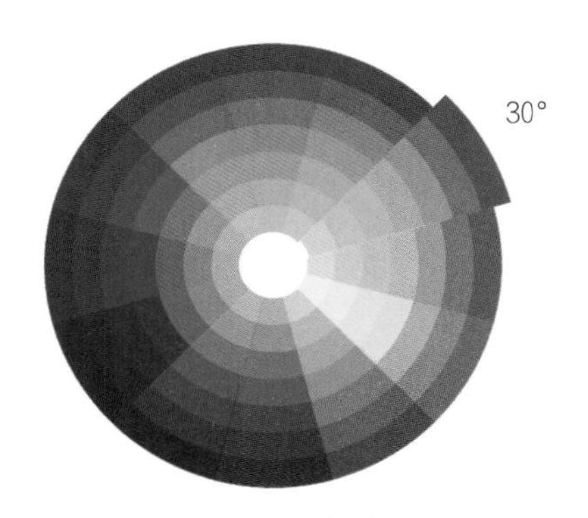

图2-1　同相型配色

图2-2 同相型配色空间

图2-3 同相型配色空间——红色

图2-4 同相型配色空间——蓝色

②劣势：同相型配色空间所有色彩色相相同，如果不在明度和纯度上拉大差距，就会产生乏味、单调的配色效果，使空间色彩层次模糊、主次不分、没有亮点，不容易吸引视线和给人留下深刻印象。

（3）同相型配色的运用方法及注意事项

①增强对比：同相型配色容易给人单调乏味的配色印象，因此可以通过调整各空间部位色彩的纯度、明度的方法拉大色彩差距，使配色效果变得丰富、醒目。

②分清主次：在运用同相型配色进行空间配色设计时，要注意区分色彩角色的主次顺序，可将主角色纯度提高，配角色纯度适中，背景色纯度降低，以突出主次顺序；或将背景色明度提高，配角色明度适中，主角色明度降低，拉开主、配角色与背景色的层次。

③加入无彩色：同相型配色中色彩之间的差距较小，可加入无彩色系来拉大色彩之间的差距，以起到突出主体、丰富空间层次、丰富配色效果的作用。

④点缀色的使用：当同相型配色空间的配色效果较为单调时，可以考虑运用色彩反差较大的点缀色进行调整，有时候可以是高纯度的同类色、邻近色，也可以是对比色或互补色，还可以运用无彩色系（黑、白、灰、金、银等），都可以起到活跃空间氛围的作用。

2.1.2 类似型搭配

类似型搭配也称为邻近色搭配，是指色彩的色相在十二色相环上相差30°~90°的色彩搭配（见图2-5）。如红-橙、橙-黄、黄-绿、绿-蓝、蓝-紫、紫-红。

类似型配色给人柔和、舒适的配色印象，是比较容易驾驭的配色类型（见图2-6）。

（1）类似型配色的特点

①易调和：类似型配色因色相之

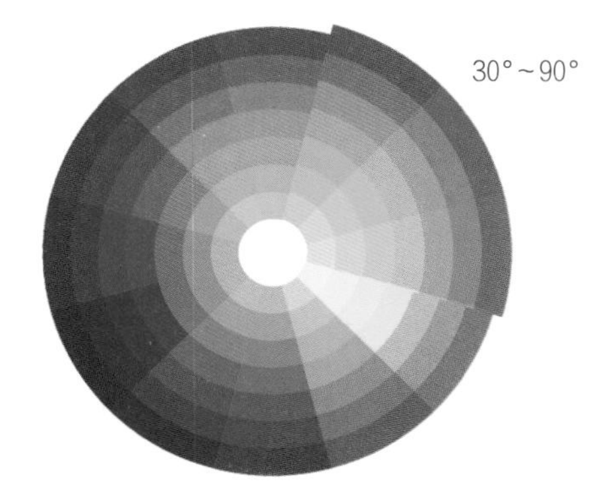

图2-5 类似型配色

间含有共同的色彩成分，如橙色是由红色和黄色混合而成的，因此红色与橙色、橙色与黄色都有同样的色彩基因，因此配色效果较为一致，容易调和（见图2-7）。

图2-6 类似型配色空间（1）

图2-7 类似型配色空间——橙、黄搭配

图2-8 类似型配色空间（2）

图2-9 类似型配色空间——色彩的等量配置

图2-10 类似型配色空间——色彩的主次配置

②有主导：类似型配色中色彩在色相环中的位置非常靠近，含有相同的色彩因素，印象比较接近，因此配色效果具有一定的色彩主导性和色彩印象的倾向性（见图2-8）。

③舒适的刺激：类似型搭配出现的色相较为丰富，色彩的对比效果及画面层次也更突出，能够产生温和的对比，在视觉上给人舒适的刺激感。

④相对单调：类似型配色虽然色相相对丰富，但色相依然较为接近，配色效果也容易产生单调、沉闷、刺激感不足的感觉。

（2）类似型配色的优势和劣势

①优势：类似型配色效果和谐、柔和，能产生舒适的刺激感，是比较容易驾驭的配色类型。

②劣势：类似型配色由于色相间差距不大，缺乏对比，在搭配时容易产生相对单调、沉闷的效果；如临近的两种色彩明度和纯度控制不好，还可能产生“顺色”的配色效果，如高纯度的红色和粉色的搭配，让人感觉别扭、俗气。

（3）类似型配色的运用方法及注意事项

①注意色相比重：合理处理类似型配色中两个色相之间的关系，可采取等量配置和主次配置两种方法。等量配置指在空间配色中等量运用两种色彩，不分伯仲，以达到平衡的视觉效果（见图2-9）。主次配置指以一个色相为主，大面积运用，另一个色相作为辅助，应用面积较小。有主次的色彩配置可产生较强的色彩倾向性或突出主体的配色效果，有利于突出主体色及体现主体色的色彩印象（见图2-10）。

②突出主角：类似型配色中临近的两个色相必须出现在背景色、主角色和配

角色之中，其中主角色应明显突出，以使空间配色中心明确，避免出现一片混沌的配色效果。

③增强对比：色彩可以按不同层次调整明度和纯度，增强色彩层次感的同时也能丰富配色效果，避免出现单调、乏味的配色印象。

④交换点缀色：可在两个色彩之间用点缀色来回穿插，你中有我，我中有你，使两个色彩加强联系，增强整体感。

2.1.3 准对决型搭配

准对决型配色也可称为对比型配色，是指色彩的色相在色相环上相差90°~150° 的色彩搭配（见图2-11）。常见的准对决型配色有红-黄、黄-蓝、蓝-红、橙-绿、绿-紫、紫-橙。

准对决型配色能产生活跃、华丽、热闹的配色效果（见图2-12）。

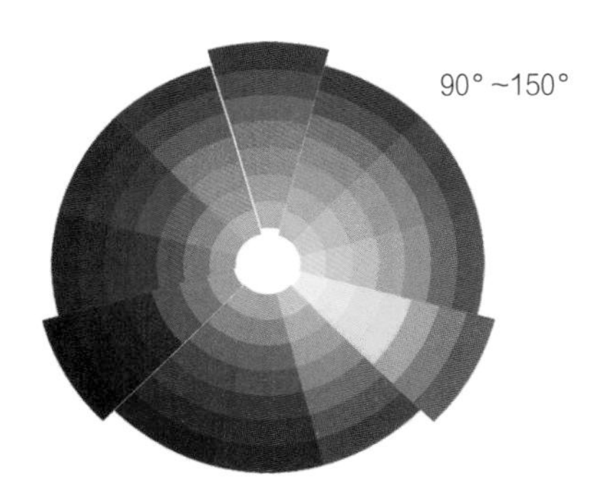

图2-11 准对决型配色

（1）准对决型配色的特点

①色相差距大：准对决型配色的色彩之间没有共同的色彩因素，因此色彩之间的差距较大，给人艳丽、活泼的配色印象。

②配色效果丰富：准对决型配色的色彩搭配形式较多，不同的两种色相搭配都能产生不同的配色效果，配色效果极为丰富（见图2-13和图2-14）。

③刺激性强：色彩之间差距较大，导致色相搭配产生强烈的视觉冲击力，给人醒目的视觉效果。

④不易调和：准对决型配色的色彩之间没有共同的色彩元素，色彩对比强烈，不容易进行调和。

（2）准对决型配色的优势和劣势

①优势：准对决型配色视觉冲击力强，配色效果鲜艳、醒目，同时能营造艳丽、活跃、热闹、喜庆的配色效果。

②劣势：准对决型配色色彩差距大，不易调和，如控制不好色彩的明度和纯度，就会给人俗气的视觉感受；长时间在色彩对比强烈的空间中也会让人产生视觉疲劳，从而产生疲惫、厌倦的心理感受。

图2-12 准对决型配色空间

图2-13 准对决型配色空间——红、蓝搭配

图2-14 准对决型配色空间——绿、紫搭配

（3）准对决型配色的运用方法及注意事项

①调整色彩比例：准对决型配色的两个色相色差较大，如果两者在配色中面积相同、没有主次，就会产生势均力敌的配色效果。因此，在运用准对决型配色时，最好将色彩进行主次划分，增大一个色相的面积，缩小另一个色相的面积，使空间色彩主次分明，从而产生较为和谐的配色效果。

②调整明度、纯度：准对决型配色中的两个色相还可以通过调节色彩明度、纯度的方法进行调和，将两个色相的明度、纯度调节成统一色调，以产生和谐统一的色彩感受；还可将主要色相的明度或纯度提高，将次要色相的明度或纯度降低，以突出主要色相，削弱次要色相，达到主次分明的视觉效果。

③色彩的过渡：准对决型配色中，可以在两个色彩之间进行色彩的过渡，来缓解色相之间的强烈对比，如通过色彩明度、纯度的渐变过渡或加入无彩色进行过渡都是很好的方法。

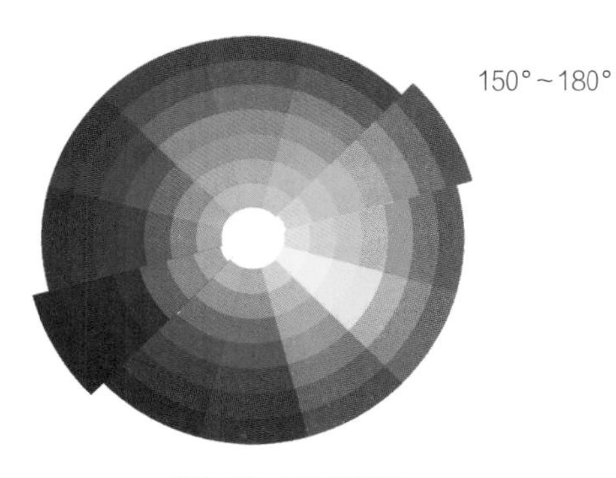

图2-15　对决型配色

④层次的控制：准对决型配色的色相除可按主次进行划分，也可进行色彩前后或上下的层次划分，比如一种色彩作为背景色、另一种色彩作为主角色、配角色出现，点缀色与背景色一致进行呼应，如此将色彩划分层次进行配置，即可营造活跃又不失秩序的配色效果。

2.1.4　对决型搭配

对决型配色也称互补型配色，指在色相环上相差150°~180° 的色彩搭配类型（见图2-15）。常见的对决型配色为红+绿（见图2-16）、橙+蓝（见图2-17）、黄+紫（见图2-18）。

对决型配色极为鲜明、醒目，配色效果通常比较经典、时尚，但同时也是最难驾驭的色彩搭配类型。

（1）对决型配色的特点

①色彩差距大：对决型配色的两个色彩在色相环呈相对的关系，表示两者无论在色相、冷暖、色彩效应等各个方面的反差都是非常大的。

②互为补色：对决型配色中的两种色彩的色光相加能产生白色光，而两种色彩的色料调和则会变成黑色，所以将这样

图2-16　对决型配色空间——红+绿

图2-17　对决型配色空间——橙+蓝

图2-18　对决型配色空间——黄+紫

的两种色彩称为互为补色，补色搭配色彩差距最大。

③色彩反衬：对决型配色的两个色彩并置能够产生互相反衬的效果，比如红色与绿色的搭配，两个色彩相互反衬使红色看起来更红，绿色看起来更绿，因此，对决型配色极容易产生强烈的色彩反差。

④视觉冲击：对决型配色中两个色相产生极强的色彩冲击力，使对决型配色空间产生醒目的配色效果。

（2）对决型配色的优势和劣势

①优势：对决型配色对比鲜明，给人时尚、经典、强力、醒目的视觉效果。

②劣势：色彩难以调和，不容易驾驭，运用不好就会产生俗气的视觉感受；长时间处于高纯度对决型配色的空间会让人产生厌倦感，甚至让人变得烦躁易怒。

（3）对决型配色的运用方法及注意事项

①确定色彩重心：对决型配色中两种色彩冲突势均力敌，因此可通过调节色彩面积的方法，将一种色彩进行大面积的运用，另一种色彩面积减小，两者的敌对关系就会被缓解，营造和谐的对比效果。一般来说，两种色彩的面积比例在7：3或8：2比较容易搭配出完美的效果（见图2-19）。

②调整色调：将对决型配色中两种色彩的色调调整一致，或将一种色彩明度或纯度提高，另一种降低，从而达到调和的目的（见图2-20）。

③加入无彩色：对决型配色中两种色彩间加入无彩色系，如加入黑、白、灰或金属色，对两种色彩进行分隔和过渡，从而缓解色彩间的强烈对比，使空间配色更加和谐。

图2-19　对决型配色空间

图2-20　对决型配色空间——调整色调

2.1.5　三角型搭配

三角型配色指配色中所用的三个色彩在色相环上呈三角（见图2-21），如红-黄-蓝、橙-绿-紫两组正三角配色，以及红-橙-蓝、橙-黄-蓝、黄-绿-紫等非正三角配色。

最具代表性的就是运用红、黄、蓝三原色的配色（见图2-22），具有强烈的视觉冲击力及动感；橙、绿、紫三间色的配色则相对舒缓和谐一些（见图2-23）。

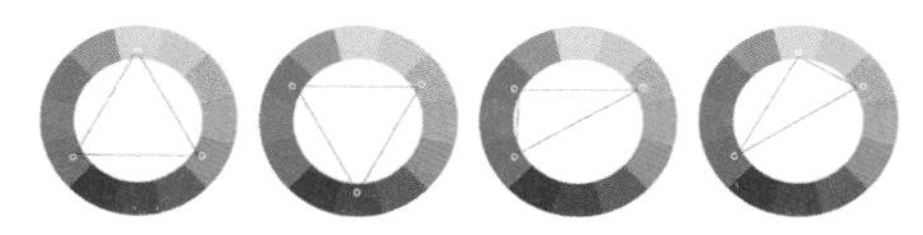

图2-21　三角型配色

图2-22　三角型配色空间——红、黄、蓝搭配

图2-23　三角型配色空间——橙、绿、紫搭配

三角型配色的配色效果较为丰富、艳丽，没有明显的色彩倾向，配色印象比较均衡，适合表现理性、自由、现代感。

（1）三角型配色的特点

①色彩丰富：三角型配色中色相数量增加到三种，对色相进行明度、纯度的变化调整，可使配色效果看起来更加丰富艳丽，富于变化。

②配色效果稳定：三角型配色的三种色相在色相环上呈三角，换个方式理解可发现配色中基本包含了所有色相的因素，三个色相并置削弱了单一色相的色彩印象，产生稳定的配色效果。

③冷暖均衡：三角型配色的三种颜色中至少一种暖色、一种冷色，第三种可冷、可暖、可中性，色彩在冷暖上能够相互调和，呈现出一种均衡的配色效果。

（2）三角型配色的优势和劣势

①优势：三角型配色相对比较容易运用，色相丰富，效果均衡、稳定。

②劣势：三角型配色色相较多，色彩选用不当容易造成配色混乱的情况；要保证三种色彩彼此均衡，否则无法发挥三角型配色的配色效果。

（3）三角型配色的运用方法及注意事项

①色彩面积均等：三角型配色的三种色相首先要保证面积上的均等，这种均等虽然不是绝对的，但也要基本上接近，才能给人均衡、稳定的配色印象。

②色彩布局均匀：三角型配色中的三种色彩在空间上也要注意均匀布局，不可各占一方、各自为政，要相互穿插，才能在空间中产生均衡的配色效果。

③控制色调：三角型配色中三种色彩的色调可以考虑保持一致，才能营造整体的、均衡的配色效果，否则会让配色缺乏整体感，稳定的配色效果也会受到影响（见图2-24）。

2.1.6　四角型搭配

四角型配色也叫十字型配色，指配色中出现的色彩在色相环上呈四边形，或者也可以理解成为由两组对决型或准对决型色彩交叉组合的配色类型（见图2-25）。

四角型配色效果醒目有活力，有较强的视觉冲击力，适合表现强劲、开放、活力的配色印象（见图2-26）。

（1）四角型配色的特点

①色彩丰富：四角型配色色相达到四种，色彩的不同色调、不同配置形式都能产生不同的配色效果，色彩印象更加丰富、华丽。

②配色匀称：四角型配色色彩有冷、有暖、有邻近、有对比、有互补，配色效果非常均衡，产生稳定和谐的配色效果。

③醒目：四角型配色由两组对比色或互补色组成，色彩差距大，配色效果非常具有视觉冲击力。

图2-24　三角型配色空间

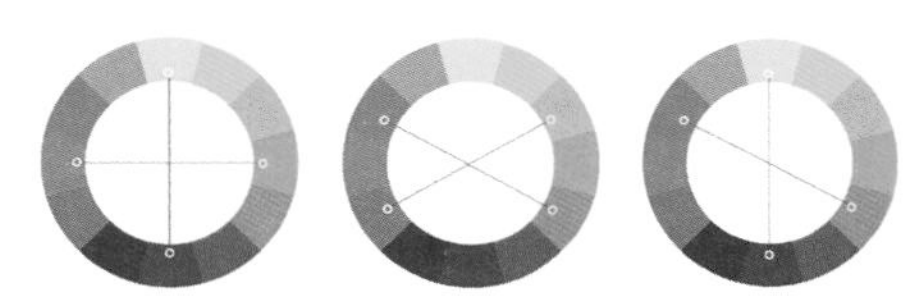

图2-25　四角型配色

图2-26　四角型配色空间（1）

（2）四角型配色的优势和劣势

①优势：四角型配色给人感觉鲜艳、热闹，配色效果均衡，有较强的视觉冲击力（见图2-27）。

②劣势：四角型配色中出现四种色相，数量较多，相对不容易进行色彩的配置，配色效果也比较容易混乱。

（3）四角型配色的运用方法及注意事项

①平衡色彩：四角型配色中选用的色彩一定要保证色彩之间的平衡，具体做法是选用两组对比色或互补色，这样四种色彩中就能保证有冷色和暖色、有高明度色和低明度色、有原色和间色，色彩间又有着相同或不同的色彩基因，形成各种对比关系，从而达到配色整体效果的均衡和稳定（见图2-28）。

②控制色调：四角型配色色相较多，需要通过控制色调的方法来维持配色效果的整体性和和谐性，若想使四种色相相互平衡，应保持四个色相的色调一致；若希望体现空间主体，也可以将主体色的色调与其他色彩的色调进行区别。

2.1.7 全相型搭配

全相型配色指运用了五种以上色相的配色类型（见图2-29），配色效果极为丰富，让人感觉活泼热闹，全相型配色能塑造出开放的氛围以及自然界中五彩缤纷的视觉效果，华丽感十足，充满活力和节日气氛（见图2-30）。

（1）全相型配色的特点

①华丽缤纷：全相型配色运用色彩较多，能产生非常华丽、梦幻的配色效果，让空间看起来缤纷多彩，有浓郁的节日氛围。

②自由开放：全相型配色涵盖的色彩范围比较广泛，色相越丰富越能产生自由开放的配色效果。

③自然愉悦：全相型配色易塑造出自然界中五彩缤纷的视觉效果，充满活力和愉悦气氛，能够活跃空间氛围。

（2）全相型配色的优势和劣势

①优势：色相数量多，配色效果丰富多彩，适合营造活跃、自然、热闹、华丽的空间氛围。

②劣势：全相型配色色彩数量多，色彩间的关系错综复杂，极易产生凌乱、缺乏整体感、局部色彩搭配不和谐等消极效果，在配色时要注意控制色调和色彩面积。

图2-27　四角型配色空间（2）

图2-28　四角型配色空间（3）

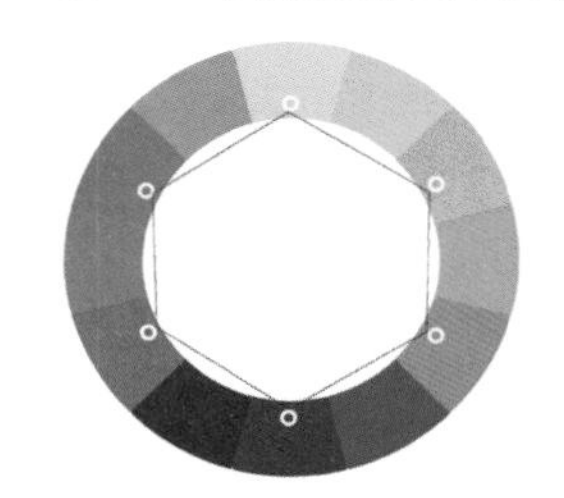

图2-29　全相型配色

图2-30　全相型配色空间

（3）全相型配色的运用方法及注意事项

①合理配置：全相型配色中色彩数量较多，在应用时要注意对色彩进行全方位的合理配置，要让每种色彩都不是偶然存在或忽然出现的，同时色彩与色彩之间的关系也要处理好，哪个色彩与哪个色彩相邻、哪个色彩与哪个色

彩相呼应，也要进行细致的思考（见图2-31）。

②控制色调：全相型配色色彩数量多，为避免出现凌乱和缺乏整体感的情况，可以对色彩的色调进行调节和控制，以保证配色效果的和谐统一（见图2-32）。

图2-31　全相型配色空间（1）

图2-32　全相型配色空间（2）

任务实施

（1）布置学习任务

明确学习任务的内容、目标、要求，特别是学习性工作任务的内容、目标、要求及完成学习性工作任务所需要掌握的理论知识、方法、途径和步骤，明确可利用的资源，要求学生课前按思考与复习要求完成知识储备部分内容的预习。

（2）理论知识引导学习

采用教师主导、学生为主体、理论与实践相结合的教学方法完成知识储备部分理论知识的学习。

（3）制作不同色相型配色的家居配色方案

通过网络查找或自己绘制未填充色彩的室内效果图，运用涂色工具或图像处理软件，按照不同的色相型配色类型进行色彩的填充，并对其进行说明。

（4）成果展示

以小组为单位，进行各配色类型的配色方案的汇报，每组派一名同学上台汇报，其他组认真听取并提出方案的优点和不足。

（5）方案修改和提交

按照教师和同学提出的意见、建议对配色方案进行修改完善并提交。

总结评价

学生完成学习任务后，教师根据学生对知识的掌握情况、完成作业的准确情况和学习态度进行评价，肯定优点的同时提出改进意见。

思考与复习

1. 什么是同相型配色？同相型配色的特点是什么？
2. 什么是类似型配色？类似型配色的特点是什么？
3. 什么是准对决型配色？准对决型配色的特点是什么？
4. 什么是对决型配色？对决型配色的特点是什么？
5. 什么是三角型配色？三角型配色的特点是什么？
6. 什么是四角型配色？四角型配色的特点是什么？
7. 什么是全相型配色？全相型配色的特点是什么？

巩固训练

通过网络、书籍查找符合以上7种配色类型的家居配色意向图片并分析，以演示文稿的形式对图片配色类型的名称、概念、特点等内容进行说明；对意向图片的四角色进行分析，说明每种配色类型是如何在意向图片中进行体现的；最后对配色方案进行总结。

2.2 制定色调型配色空间配色方案

工作任务

任务目标

通过学习了解色调型配色的基本概念、特点，明确不同色调类型的配色效果及应用方法。能够正确运用适合的色调型配色类型进行配色方案的设计，并能够对配色方案进行有效的色调调整。

任务描述

本任务通过知识储备部分内容的学习，完成学习性工作任务——色调型配色方案设计。学生要明确色调型配色有哪些类型，每种搭配类型的主要内容及其特点，不同配色类型的配色效果、应用方法及注意事项；能够运用不同色调配色类型独立完成不同色调配色方案的设计应用。

工作情景

工作地点：多媒体教室或机房。

工作场景：教师或学生提前准备未涂色的室内设计效果图，按照不同色调类型要求进行色彩方案的设计和表现。可根据教学条件选择在手绘效果图上用彩铅填充色彩；也可在电脑上用photoshop等图像处理软件在电子版的效果图上进行色彩的填充；还可以在网上查找家居界面、配饰等设计元素进行抠图再加以拼贴组合等形式进行配色效果的表现；以图片展示为主、文字分析说明为辅的形式形成演示文稿，每组派1~2名同学进行方案的展示和讲解，师生共同提出优点及修改意见，经过对方案的二次修改完善后进行配色方案的提交。

知识储备

2.2.1 单色调搭配

单色调配色指配色方案中只有一个色调，也就是配色方案中绝大多数色彩的明度、纯度都是一致的。单色调配色能够产生和谐、统一的配色效果，配色印象直接由所使用的色调决定，是比较容易控制配色效果

图2-33 单色调配色空间——淡色调

图2-34 单色调配色空间——浓色调

图2-35 两种色调配色空间——强色调 + 浓色调

图2-36 两种色调配色空间——强色调 + 明色调

的配色形式（见图2-33和图2-34）。

（1）单色调配色的特点

①和谐统一：单色调配色所有色彩的色调一致，能产生统一的明度和纯度，配色效果和谐。

②色调倾向性强：单色调配色所有色彩即使具有不同的色彩印象，不同配色类型的配色效果也不一致，但只要色调统一也能产生共同的色彩印象。单色调的配色印象主要由色调本身的配色印象决定。

（2）单色调配色的优势和劣势

①优势：单色调配色各色彩色调统一，画面极容易产生和谐的配色效果，有利于突出色调本身的配色印象。

②劣势：单色调配色的色调一致，如空间内色彩数量少或所用色彩之间的色彩差距小，很容易给人单调、乏味的色彩印象，不容易突出空间主体。如强色调的空间可能给人感觉每个色彩都很抢眼，而钝色调的空间又给人感觉一片混沌，明色调空间给人感觉没有力度感，而暗色调空间又给人一片昏暗的视觉感受。

（3）单色调配色的运用方法和注意事项

①丰富色相：为避免单色调配色产生单调、乏味的配色印象，在运用单色调配色时要注意运用更丰富的色相，数量宜多不宜少，色彩数量越多，画面效果越活泼有动感，越不容易使画面出现单调、乏味的视觉感受。

②有目的地选择色调：单色调配色的色调倾向性强，在运用时要考虑根据空间的功能、氛围、风格等要素选择适合的色调，以营造与空间相适合的配色效果。

2.2.2 两种色调搭配

两种色调配色指配色方案所有色彩以两种色调进行呈现，两种色调的配色印象并存，相互呼应、相互衬托，让配色效果更丰富、更多元的同时，还能有效改善单色调配色平淡、单调的配色效果（见图2-35）。

两种色调搭配通常是将空间配色按色彩角色或主、副色进行配置。主角色或主色为高纯度或高明度色调；背景色或副色在明度和纯度上衬托主色。具体色调可根据预期的配色效果进行选择（见图2-36）。

（1）两种色调配色的特点

①活跃配色效果：两种色调在单色调基础上得到了丰富，使配色效果更富于变化，空间配色整体色彩更充实、活跃。

②配色主体突出：两种色调配色通常按色彩角色进行配置，空间的主体色彩通常区别于其他色彩的色调，因此能更好地被突出和被衬托，让空间配色的主体更加明确。

③色彩对比大：两种色调配色能有

效改善单色调配色所产生的单调感，在色相不变的基础上增加色调的效果，能使空间配色的色彩更有对比性，整体效果更醒目。

④色彩层次清晰：两种色调配色可通过色彩的不同色调对空间层次进行划分，使空间色彩层次鲜明，营造和谐、理性的配色效果。

（2）两种色调配色的优势和劣势

①优势：两种色调配色能同时体现出两种色调的配色印象，使配色兼具两个色调的优势，相互呼应、相互衬托，色调相对丰富，有较为清晰的主体色和色彩层次，色彩对比强，配色效果更为活跃。

②劣势：两种色调配色的色调选择并不容易驾驭，选择不好会产生色彩对比不足或搭配不协调、甚至自相矛盾的视觉感受，在进行两种色调配色时，一定要谨慎。

（3）两种色调配色的运用方法和注意事项

①色调搭配得当：两种色调的选择要考虑符合空间预期效果的同时，还要注意两者的配合是否得当，两种色调尽量在明度和纯度上不要太接近，以免无法改变配色整体的单调感；也不要相差太悬殊，以免给人不协调、生搭硬凑的感觉。

②合理配置：两种色调配色要考虑两者的位置关系，可按照四角色的关系进行配置。比如背景色采用地明度的黑暗色调，主角色和配角色均采用纯度偏高的强色调，突出空间主体（见图2-37）；也可以按照主副色进行配置：如主色运用健康、活跃的强色调，而副色则选择洗练、雅致的淡弱色调，营造娇美又不失稳重的女性气质（见图2-38）。

图2-37 两种色调配色——浓色调+钝色调

图2-38 两种色调配色——明色调+淡弱色调

③色相数量适中：两种色调配色比较适合两种色相的配色类型，如类似型配色、准对决型或对决型配色，色彩数量较少，若以两种色调进行调节可使配色效果更加丰富。

2.2.3 三种色调搭配

三种色调搭配指空间配色中所有色彩呈现出三种不同色调，这三种色调相互穿插排列，形成一定的节奏感和韵律感，使整个空间的配色层次清晰、色彩丰富，具有自然、活跃的配色印象，是比较多元化的配色形式。

三种色调配色的应用方法通常是按照色彩角色或空间主色、副色、点缀色来进行布置的：如空间背景色为淡弱调，主角色和配角色为涩色调，点缀色使用高纯度的强色调（见图2-39）；或空间主色为弱色调，副色为暗色调，点缀色则采用强色调（见图2-40）。

（1）三种色调配色的特点

①节奏感强：三色调配色空间呈现色彩与色调的两个维度的共同变化，能体现出很强的节奏感和韵律感，使空间配色在丰富多变中体现出规律与秩序的美感，创造出看似随性却又结构严谨的空间配色效果。

②层次丰富：三种色调空间中能体现出丰富的层次，三种色调分别应用于不同的色彩角色或色彩界面，这就能通过色调的不同产生色彩层次乃至空间层次的美感。

③效果多元化：三种色调的空间配色在色彩变化的基础上融入色调的变化，同样的色彩又可以以不同的色调进行呈现，加上色调本身的配色印象的融合和平衡，色彩的选择与色彩关系的处

理，都能够影响最终的配色效果，从而体现多元化的配色效果。

（2）三种色调配色的优势和劣势

①优势：三种色调配色色调丰富，色调间相辅相成，色彩变化多，层次丰富立体，能体现节奏美感，适合营造不同情感印象的空间氛围。

②劣势：三种色调配色空间，如色彩数量也比较多很容易产生凌乱、缺乏整体感的配色效果，在运用的时候要注意控制色彩数量。

（3）三种色调配色的运用方法和注意事项

①控制色彩数量：三种色调的配色由于色调丰富，能产生较为丰富的配色效果，因此要注意在色彩的数量和色彩搭配类型上进行控制，比如全相型配色本身色彩数量很多，配色效果极为丰富，对比非常强烈，使之调和的方法之一就是统一色调，如还要采用三种色调则会让空间更加凌乱。

②三色调调和：三种色调配色为避免产生凌乱或不均衡的配色效果，在选择色调的时候一定要合理、严谨，三种色调尽量做到明度有高有低、纯度有强有弱，这样才能起到相互调和、相互衬托的作用。

图2-39　三种色调配色——淡弱色调+涩色调+强色调

图2-40　三种色调配色——涩色调+浓色调+强色调

任务实施

（1）布置学习任务

明确学习任务的内容、目标、要求，特别是学习性工作任务的内容、目标、要求及完成学习性工作任务所需要掌握的理论知识、方法、途径和步骤，明确可利用的资源，要求学生课前按思考与复习要求完成知识储备部分内容的预习。

（2）理论知识引导学习

采用教师主导、学生为主体、理论与实践相结合的教学方法完成知识储备部分理论知识的学习。

（3）制作不同色相型配色的家居配色方案

通过网络查找或自己绘制未填充色彩的室内效果图，运用涂色工具或图像处理软件，按照不同的色调型配色类型进行色彩的填充，并对其进行说明。

（4）成果展示

以小组为单位，进行各配色类型的配色方案的汇报，每组派一名同学上台汇报，其他组认真听取并提出方案的优点和不足。

（5）方案修改和提交

按照教师和同学提出的意见、建议对配色方案进行修改完善并提交。

总结评价

学生完成学习任务后，教师根据学生对知识的掌握情况、完成作业的准确情况和学习态度进行评价，肯定优点的同时提出改进意见。

思考与复习

1. 什么是单色调配色?
2. 单色调配色的特点是什么?
3. 单色调配色的运用方法和注意事项有哪些?
4. 什么是两种色调配色?
5. 两种色调配色的特点是什么?
6. 两种色调配色的运用方法和注意事项有哪些?
7. 什么是三种色调配色?
8. 三种色调配色的特点是什么?
9. 三种色调配色的运用方法和注意事项有哪些?

巩固训练

上网查找任意家居配色图片，谈谈配色中是否运用了色调配色的方法，这些色调的情况如何，分析设计者为何选择这种色调型配色，表现了怎样的配色效果。

2.3 制定及调整配色方案

工作任务

任务目标

通过学习明确配色过程以及配色中容易出现的问题，如配色层次感不强、主角不突出、配色效果单调或过于凌乱等。明确如何有条不紊地完成空间配色方案的设计并能有效解决配色方案中出现的问题，掌握制定及调整配色的方法和技巧。最终能够营造出既突出主角又和谐统一、既美观又个性鲜明的配色效果。

任务描述

本任务通过知识储备部分内容的学习，完成学习性工作任务——制定及调整配色方案。学生要明确制定空间配色方案的过程，配色可能出现的问题以及调整配色方案的具体方法；能够运用制定及调整配色方案的知识和技巧独立完成配色方案的制定和调整。

工作情景

工作地点：多媒体教室或机房。

工作场景：教师或学生提前准备未涂色的室内设计效果图，按照配色的标准流程进行配色方案的制定。可根据教学条件选择在手绘效果图上用彩铅填充色彩；也可在电脑上用photoshop等图像处理软件在电子版的效果图上进行色彩的填充；还可以在网上查找家居界面、配饰等设计元素进行抠图再加以拼贴组合等形式进行配色方案的表现；自行观察或展示给同组同学，共同找出配色方案存在哪些问题需要进行调整，运用配色调整方法进行调整，形成调整前后的对比图、文字说明初步配色方案存在的问题及调整方法，并形成演示文稿；每组派1~2名同学进行方案的展示和讲解，师生共同提出优点及修改意见，经过对方案的二次修改完善后进行配色方案的提交。

知识储备

2.3.1 制定配色方案

在制定空间配色方案之前，需要先明确空间配色的目的，不同的空间环境、不同的使用者、不同的空间功能和性质、不同的空间风格定位、不同的空间氛围定位都直接影响配色方案的制定，因此，在配色前，要弄明白配色要着重解决什么问题或满足哪些要求，通常有以下几种情况：

①改善空间：空间配色可以在视觉上调整空间存在的一些缺陷，如户型不规整、面积较小、顶棚低矮、采光不理想、长时间无阳光直射等问题，空间环境情况主要影响空间主色的选择，具体方法参看项目3。

②迎合使用者：使用者对色彩的偏好也是空间配色重要的决定因素，其中又包括使用者主观喜好的色彩和使用者喜欢的空间风格或空间氛围所呈现的色彩，使用者的色彩偏好可帮助确定空间的主要色彩、色调及配色类型，具体方法参看项目4、项目5和项目6。

③搭配已有色彩：空间中如有已经被确定的色彩，比如已经安装好的地板或已经选定的家具，配色时可根据这些“已知条件”，结合上述因素进行其他部分色彩、色调及配色类型的确定。

制定配色方案的具体步骤为：确定空间背景色或主角色→确定空间的色调→确定配色类型→确定主角色或配角色→确定点缀色。

2.3.2 调整配色方案

（1）突出主角的空间配色

在空间配色中，主角色的地位举足轻重，主角突出才能产生空间配色的视觉重心；反之如果主角不突出或不明确，就会让空间配色失去重心，变得暗淡乏味，配色效果也缺乏亮点。也就是说，在配色中要恰当地突出主角，使之在视觉上形成焦点（见图2-41）。

突出主角色可采用直接增强主角的手段，也可以采用间接衬托主角的策略。

①直接增强主角色的方法

a. 提高主角色的纯度。高纯度色具有很好的视觉冲击力，同时高纯度色具有向前的视觉感受，也能够帮助主角色起到突出的视觉效果。这种突出主角色的方法最为有效，属于强势突出，也让配色整体更具稳定感（见图2-42）。

图2-41 突出主角的配色效果

图2-42　突出主角的配色——提高主角色纯度

图2-43　突出主角的配色——提高主角色明度

图2-44　突出主角的配色——更换主角色色相

b. 增大主角色与其他色彩之间的明度差，使主角色在明度上明显异于其他色彩，从而在视觉上起到突出主角色的作用（见图2-43）。

c. 为主角色改换色相，比如更换视觉冲击力更强的色相以突出主角，或把主角色调整为与周边色彩形成互补色或对比色的色彩，以拉大色彩之间的色相差，起到突出主角的作用（见图2-44）。

②间接强调主角色的方法

a. 增加能突出主角的附加色。当主角色彩比较低调的时候，可以考虑加入色相丰富或纯度较高的附加色以突出原本平淡的主角，如在色彩并不突出的沙发上增设高纯度色或色相较多的抱枕。附加色通常由点缀色来充当，运用时要注意控制附加色的面积，如果面积过大就会升级成为配角色，从而改变了空间配色的色相型，破坏空间配色的整体氛围（见图2-45）。

b. 抑制配角或背景色。当主角色的色相、明度和纯度都不突出的时候，我们可以通过抑制其他色彩来起到突出主角色的作用，比如控制其他色彩的色调在淡色调或弱色调（提高明度，降低纯度），就可以使色彩的强度得到抑制（见图2-46）。

（2）整体融合的空间配色

在配色设计的过程中，如主角色没有明显突出，空间的整体配色就会趋向融合的方向，这也是与突出相反的配色手段（见图2-47）。

与突出主角的主要方法一样，我们可以采用对色彩属性（色相、纯度、明度）的控制来达到融合的目的，突出型配色要增强色彩对比，而融合型配色则完全相反，是要削弱色彩的对比。此外，在融合型配色

图2-45　突出主角的配色——添加附加色

图2-46　突出主角的配色——抑制其他色彩

图2-47　整体融合的配色效果

图2-48　整体融合的配色——减小色相差距

图2-49　整体融合的配色——统一色调

图2-50　整体融合的配色——添加同类色

中，还有诸如添加类似色、重复、渐变、群化、统一色阶等行之有效的方法。

①减小色相差距：减小色相差距可以使原本过于活泼的配色效果变得稳定和融合，给人沉稳、舒适的感觉。方法是将空间中的色彩调整为同相型或类似型的色彩，色相差越小，越能产生温馨、稳定、传统的配色效果（见图2-48）。

②统一色调：当空间中出现较多色彩或色彩色相差较大时，也可以通过调整色彩的色调来达到和谐统一的配色效果，无论什么颜色，只要色调一致，就能产生融合的效果。当色相数量少且色调统一时，配色可能出现过于单调的状态，此时也可以采用靠近色调进行组合，使空间配色在统一的基础上稍显变化（见图2-49）。

③添加同类色或类似色：当空间色彩过于冲突时，可考虑添加其中一种色彩的同类色或类似色，就会在对比的同时增加整体感和稳定感，使画面产生融合的配色效果（见图2-50）。

④添加无彩色：无彩色的加入也能起到融合的作用，在两个对比强烈的色彩中间用无彩色进行分隔，能有效削弱色彩的冲突感，起到色彩调和的作用（见图2-51）。

⑤重复形成融合：当配色中的某一个反差较大的色彩独立存在时，可以考虑对这个色彩进行复制，使其不断重复出现，即使出现的位置不同、形式不同，但仍能与原色彩起到共鸣，促进整体空间的融合（见图2-52）。

⑥渐变融合：渐变是指色彩的逐渐变化，包括色相的逐渐变化、色彩明度的逐渐变化和色彩纯度的逐渐变化，渐变的色彩排列能产生节奏感和动感，同时缓和了色彩之间的对比关系，让空间配色更加和谐（见图2-53）。

（3）避免混乱的配色

当空间色彩过多、主次关系不明确

图2-51　整体融合的配色——加入无彩色

图2-52　整体融合的配色——色彩重复

图2-53　整体融合的配色——渐变融合

图2-54　避免混乱的配色——控制色彩数量

图2-55　避免混乱的配色——调整色相型

或色彩对比过于强烈，就会产生杂乱无章的混乱效果，此时就需要通过一定的手段进行调整。

①控制色彩数量：色彩的数量是直接影响配色效果的基本要素，色彩数量少的空间会产生执着感，色彩数量多的空间则给人自然、舒展、热闹、开放的印象，但色彩的数量越多越容易产生混乱感，所以，控制色彩混乱最直接的办法就是控制色彩的数量，通常家居空间中的色彩数量不要超过三种（见图2-54）。

②调整色相型：色彩的搭配类型也会影响配色效果，通常来讲，运用色彩对比较大或较多的色相型配色都可能产生画面的凌乱感，因此，选用色相差距小的色彩进行搭配是避免配色混乱的另一种有效途径（见图2-55）。

③调整色调型：若希望得到活泼、热闹的配色印象，必须采用数量较多、对比较大的色彩进行搭配，就需要通过调整色调来避免混乱。通常，只要将所有色彩色调调整一致就可以避免配色的凌乱感，也可以适当采用双色调配色或三色调配色，尽量保持色调差距不要过大（见图2-56）。

④色彩的有效组织：当不能通过调整色彩数量、配色类型、色调数量等方法改善空间配色的混乱局面时，我们还可以考虑对色彩进行有效组织，使空间配色避免混乱，比如色彩的群化处理或秩序化排列。群化指的是将空间中所有色彩三属性中的任一属性进行统一，使色彩产生共通性，从而让色彩看起来更加和谐一致（见图2-57）；秩序化排列指将色彩按照一定秩序进行排列和配置，使空间色彩呈现规律、理性的美感（见图2-58）。

图2-56　避免混乱的配色——调整色调型

图2-57　避免混乱的配色——色彩的群化处理

图2-58　避免混乱的配色——色彩的秩序化处理

任务实施

（1）布置学习任务

明确学习任务的内容、目标、要求，特别是学习性工作任务的内容、目标、要求及完成学习性工作任务所需要掌握的理论知识、方法、途径和步骤，明确可利用的资源，要求学生课前按思考与复习要求完成知识储备部分内容的预习。

（2）理论知识引导学习

采用教师主导、学生为主体、理论与实践相结合的教学方法完成知识准备部分理论知识的学习。

（3）制作并调整空间配色方案

通过网络查找或自己绘制未填充色彩的室内效果图，运用涂色工具或图像处理软件对其进行配色方案的设计和表现，组内讨论找出配色存在的问题并进行调整，以演示文稿的形式说明制定配色方案的方法、步骤，展示配色方案指出存在的配色缺陷和调整措施，再展示调整后的效果图与调整前进行对比并配以文字说明。

（4）成果展示

以小组为单位，进行配色方案制作及调整方法的汇报，每组派一名同学上台汇报，其他组认真听取并提出方案的优点和不足。

（5）方案修改和提交

按照教师和同学提出的意见、建议对调整后的配色方案进行修改完善并提交。

总结评价

学生完成学习任务后，教师根据学生对知识的掌握情况、完成作业的准确情况和学习态度进行评价，肯定优点的同时提出改进意见。

思考与复习

1. 调整空间配色的具体方法有哪些?
2. 如何通过配色调整突出空间色彩的主角?
3. 如何通过配色调整使空间配色整体融合?
4. 如何通过配色调整避免空间配色混乱?

巩固训练

上网查找任意家居配色图片，谈谈配色中是否存在配色缺陷?是否需要进行配色调整?说明该进行哪些方面的调整?具体步骤和方法是什么?

制定空间环境及材质配色方案

知识目标

1 了解环境配色的目的和意义；
2 明确空间朝向、采光因素对空间配色的影响；
3 掌握根据空间朝向制定配色方案的方法；
4 掌握根据空间采光制定配色方案的方法；
5 掌握根据空间面积制定配色方案的方法；
6 掌握根据空间高度制定配色方案的方法；
7 了解与色彩相关的基本风水学知识；
8 明确不同材质材料的色彩、肌理及运用；
9 明确自然材质和人工材质的色彩、肌理及运用。

技能目标

1 能够根据空间朝向选择空间色彩；
2 能够根据空间采光选择空间色彩；
3 能够根据空间面积选择空间色彩；
4 能够根据空间高度选择空间色彩；
5 能够根据风水学原理进行空间配色方案设计；
6 能够综合空间的各种客观因素进行统筹的配色方案设计；
7 能够根据不同材质的色彩、肌理确定空间的背景色；
8 能够根据不同材质的色彩、肌理确定空间的主角色与配角色；
9 能够根据不同材质的色彩、肌理确定空间的点缀色；
10 能够综合空间各部位材料的色彩肌理进行统筹的配色方案设计。

3.1　制定空间环境配色方案

工作任务

任务目标

通过学习了解空间配色与空间环境的关系；明确空间朝向、采光等因素对空间配色的影响以及如何通过配色对空间面积、高度进行视觉上的调整；能够根据所学内容准确地针对不同的空间问题进行配色方案的设计。

任务描述

本任务通过知识储备部分内容的学习，完成学习性工作任务——制定空间环境配色方案。拟定空间环境或对真实空间进行实地调研，根据空间环境的实际情况及存在的问题进行改善性、调整性的配色方案设计。

工作情景

工作地点：教室或画室。

工作场景：学生在课前对空间环境进行模拟或进行实地考察，找出空间中能够影响配色的因素和需要通过配色改善、调整的问题，编写空间环境分析报告，根据分析报告确定空间内各界面的色彩，形成文字形式的配色方案，包括空间的四角色、色调、配色类型和设计说明。

知识储备

3.1.1　空间朝向与配色

空间朝向是指房间内窗户所朝的方向，窗户的朝向决定了房间受光线影响的情况，我们以北半球为例来进行论述。

（1）朝东向的房间

窗子朝东的房间通常在上午会有阳光直射，比较明亮，但上午的阳光温度较低，直射的时间也不会太长，因此在配色设计中应考虑使用高明度色增加空间的亮度，让空间在没有阳光直射的时间里依然保持明亮的视觉感受（见图3-1）。东向的房间不建议使用明度偏低的冷色为主色，以免给人过于阴暗、冷清的感受。

（2）朝南向的房间

窗子朝南的房间采光比较理想，在晴朗的白天会有较长时间的阳光直射，光线偏暖，因此，南向房间的配色首先要避免使用高纯度的暖色，以免给本就燥热的空间增添“暑热”

图3-1　东向空间的配色

之气。可选择冷色作为空间的主色，为空间增添清爽、怡人的配色效果（见图3-2）。

（3）朝西向的房间

窗子朝西的房间，下午的时候阳光会非常强烈且光线的色彩非常暖。因此，要避免使用高纯度的暖色，以降低空间的“燥热”感。相对来讲，清爽的冷色调更能调节这种光线的燥热，给人清凉、舒适的感觉（见图3-3）。

（4）朝北向的房间

窗子朝北的房间，阳光射入比较少，通常只有天光的反射光，光线偏冷。因此，北向房间应考虑使用温暖明亮的暖色，既能调节视觉上的冷暖，又有利于光线的传播，从而改善北向房间采光不足较为阴冷的情况（见图3-4）。

3.1.2 空间采光与配色

城市中的住宅空间比较注重采光的问题，空间的采光受房间的朝向、位置和楼层高度影响。通常空间所处的楼层越高，采光情况越好，是因为楼层越高，受其他障碍物（如树木、围墙、建筑物等）的遮挡就会越少；地下室没有自然采光或是通过采光井进行采光，因此采光情况会比较差。我们在做配色设计方案时，最好能亲身到房屋现场考察一下房屋的朝向和采光情况，根据房间的实际情况进行配色方案的设计，尤其是背景色的选择。地下室、比较低矮的楼层或是楼前有建筑物遮挡导致采光不是很理想的房屋，要避免使用低明度的色彩，尽量使用高明度色，比如白色，来提高对光的反射率，使空间看起来更加明亮（见图3-5）。

3.1.3 空间面积与配色

在面积较小或较低矮的空间里，避免使用过多的色彩，以免让空间看起来凌乱和缺乏整体感。背景色宜采用高明度色，以使空间看起来明亮开阔，似乎比实际面积要大（见图3-6），避免浓郁、暗沉的色彩产生向内压迫感，从而避免空间看起来比实际更狭小（见图3-7）。

图3-2　南向空间的配色

图3-3　西向空间的配色

图3-4　北向空间的配色

图3-5　地下室采用高明度配色

图3-6　高明度小空间开敞

图3-7　低明度小空间压抑

图3-8　高明度大空间空旷

图3-9　高明度色顶棚

图3-10　低明度色顶棚

面积过大或高度过高的空间，则要注意如果大面积使用高明度色或空间色彩比较单一，会让人感觉空间更加空旷、单调，缺乏安全感（见图3-8）。

3.1.4　空间高度与配色

住宅空间的正常高度在2.7m左右，低矮的空间会让人产生压抑的感觉，而过高的空间则会让人感觉空旷和缺乏安全感。当空间实际高度过高或过低时，我们可以运用配色技巧来进行改善和弥补。

空间较低时，空间顶面的色彩可以选用高明度色，这是利用色彩所产生的轻重感，高明度色给人轻盈、上升的视觉感受，因此在顶面运用高明度色可以在视觉上让人感觉顶面被向上“推高”了，从而缓解了顶棚低矮、压抑的感受（见图3-9）；反之，如果顶棚过高，可以采用低明度色，产生下沉的感觉，削弱空间顶部的空旷感（见图3-10），但此种做法会影响光线传播，常用于娱乐场所，很少用于住宅空间。

3.1.5　空间风水与配色

风水学是中国近千年来劳动人民根据生活经验总结出的一套关于住宅选址、建造、装饰等一系列具有科学价值的理论体系。虽然有的内容有些迷信，但大部分内容是有一定科学依据并符合人的心理或生理需求的，所以，自古以来，有很多人对风水学十分推崇和信奉。作为设计师，我们有必要了解客户的心理，如果客户信奉风水学，希望在家居配色设计中融入风水学的元素，我们就一定要运用风水学的知识，做出让客户满意的配色方案。

风水学在色彩领域的应用主要就是主人五行和方位朝向对家居配色的影响。

（1）五行与色彩

房间的色彩可以根据房屋主人的五行来确定，五行是从人的生辰八字中获得的，而五行又对应了五种色彩，金的代表色彩是白色，木的代表色彩是绿色，水的代表色彩是蓝色，火的代表色彩是红色，土的代表色彩是黄色（见图3-11）。

只要知道了房屋主人的八字五行，就可以进行空间的配色设计了，主要有以下方法。

通常我们认为人的八字中占尽金、木、水、火、土是最好的，缺少哪一种就应该在生活中以其他方式进行弥补，而色彩的运用就是比较直接有效的方法。如某人五行缺土，其家中客厅或卧室就可采用黄色系作为主色，也可以建议他平时多穿黄色的衣服进行弥补。此外，还可依据五行相生相克的理论，选择与主人五行相符的色彩。如某人五行属火，其房间可以选择红色、粉色、紫色等属火的色彩；另外，五行木生火，在房间内以绿色、青色为主色，或搭配一些绿色、青色也是不错的选择；水克火，要避免使用黑色、蓝色、灰色这些五行属水的颜色。

（2）方位朝向与色彩

不同方位在五行中也有对应（见图3-12），东方属木，代表色为绿色；南方属火，代表色为红色；西方属金，代表色为白色；北方属水，代表色为黑色。

东向房间宜以黄色系为主色，东方五行属木，乃木气当旺之地，按照五行相克理论，木克土为财，就是说土乃木之财，而黄色系是土的代表色，以此风水理论，房屋内的色彩配置应以黄色系为主，可作为背景色或主角色大面积存在，能起到旺财的效果。从色彩学角度分析，东向空间运用暖色也能缓解房间白天阳光直射情况差，光色偏冷的问题，在人的心理上起到了弥补的作用。

南向房间宜采用白色系为主色，南方五行属火，乃火气旺盛之地，按照五行相克理论，火克金为财，白色是金的代表色，以此风水理论，房间内的色彩配置应以白色为主。从色彩学角度分析，南方日照强烈，运用偏冷的白色有助于中和暑热之气，是个很好的选择。

西向房间宜以绿色系为主色，西方五行属金，乃金气当旺之地，按照五行相克理论，金克木为财，就是说木乃金之财，而绿色系是木的代表色，以此风水理论，房屋内的色彩配置应以绿色系为主。从色彩学角度分析，西向房间下午阳光直射强烈，射入角度低，射入面积大，易形成燥热的局面，运用清新自然的绿色对燥热进行调节，让人不会过于烦躁。

北向房间宜以红色系为主色，北方五行属水，乃水气当旺之地，按照五行相克理论，水克火为财，就是说火乃水之财，而红色系是土的代表色，以此风水理论，房屋内的色彩配置应以红色系为主。从色彩学角度分析，北向空间运用红色等暖色也能缓解房间无阳光直射，光色偏冷的问题，让原本偏冷色调的空间变得暖意融融。

图3-11　五行对应的色彩

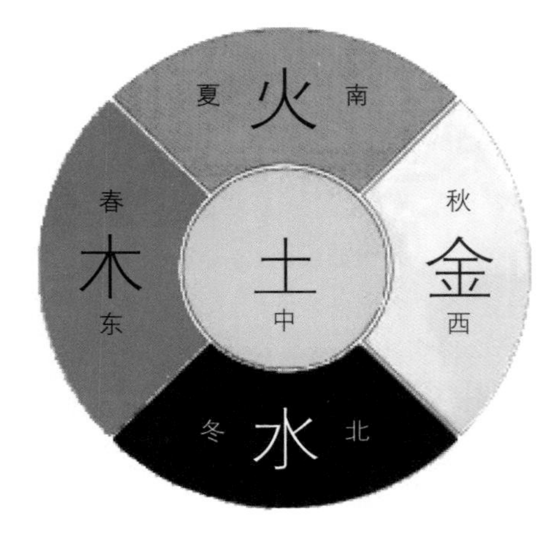

图3-12　五行对应的方位

任务实施

（1）布置学习任务

明确学习任务的内容、目标、要求，特别是学习性工作任务的内容、目标、要求及完成学习性工作任务所需要掌握的理论知识、方法、途径和步骤，明确可利用的资源，要求学生课前按思考与复习要求完成知识储备部分内容的预习。

（2）理论知识引导学习

采用教师主导、学生为主体、理论与实践相结合的教学方法完成知识储备部分理论知识的学习。

（3）拟定空间环境或实地考察

拟定空间环境或以某空间为例进行实地考察，找出空间中能够影响配色的因素和需要通过配色改善、调整的问题，编写空间环境分析报告。

（4）制作配色方案

根据分析报告确定空间内各界面及软装配饰的色彩，形成文字形式的配色方案，包括空间的四角色、色调、配色类型和设计说明。

（5）方案汇报

每组派1~2名同学进行方案的展示和讲解，师生共同提出优点及修改意见。

（6）方案的修改与提交

经过对方案的二次修改完善后进行配色方案的提交。

总结评价

学生完成学习任务后，教师根据学生对知识的掌握情况、完成作业的准确情况和学习态度进行评价，肯定优点的同时提出改进意见。

思考与复习

1. 空间环境中的哪些因素需要在色彩搭配中进行考虑?
2. 如何根据空间朝向情况制定配色方案?
3. 如何根据空间采光情况制定配色方案?
4. 制定小面积空间配色方案应该注意什么?
5. 制定大面积空间配色方案应该注意什么?
6. 与色彩相关的风水学知识有哪些? 如何应用?

巩固训练

请根据自己住所的空间环境情况进行配色方案设计，先对住所的空间情况进行分析，在此基础上综合各方面因素确定配色方案。

3.2　制定空间材质配色方案

工作任务

任务目标

通过学习了解室内装饰材料及装饰品材料的常见色彩、明度、纯度及光泽度等性质；明确不同材料的装饰效果以及能营造怎样的配色效果；能够根据所学内容准确地选择材料，运用材料表现出理想的配色设计方案。

任务描述

本任务通过认识各种不同材质的装饰材料和装饰品，帮助学生了解和掌握不同材质装饰材料和装饰品的色彩、肌理、配色方法及配色效果等内容，为配色方案的设计提供理论参考和技术支撑。

工作情景

工作地点：教室或装饰材料市场、装饰品卖场等。

工作场景：师生共同对硬装材料、软装饰品进行分类，然后针对不同种类的材料进行观察，将其可呈现的色相、明度、纯度及光泽度等情况进行记录，并研究该材料应如何应用、如何搭配才能产生这样的配色效果，为日后学习配色设计奠定扎实的理论基础。

知识储备

3.2.1　材质的色彩与肌理

（1）石材

石材质地坚硬，其色彩主要以黄、棕、赭石、褐等大地色系为主，也有一些人造石材能呈现其他如灰、绿、红等色彩（见图3-13）。石材色彩纯度较低，有天然的纹路或斑块，所以表面色彩也并不均匀。根据其加工方式的不同会产生不同的光泽效果，同样色彩的石材，光泽度不同，色彩的呈现也会有细微的差异。

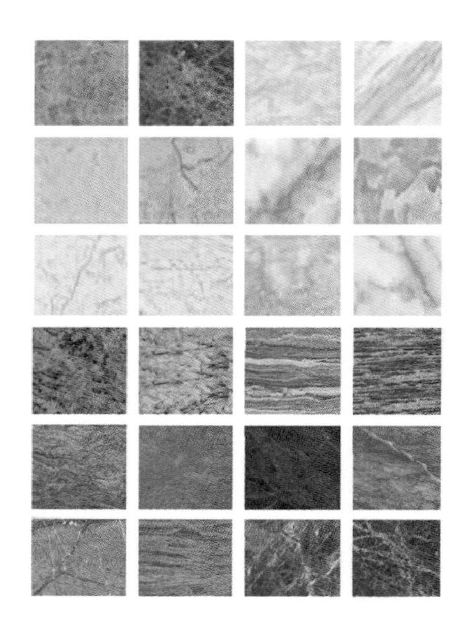

图3-13　石材的色彩

石材在空间配色中常作为背景色出现，有时也以茶几或餐桌台面的身份作为空间的配角色呈现，适合营造高档、自然、复古、典雅的配色氛围（见图3-14）。

（2）瓷砖

瓷砖作为人造材料，其色彩也是比较丰富的，但因其

图3-14　石材的装饰效果

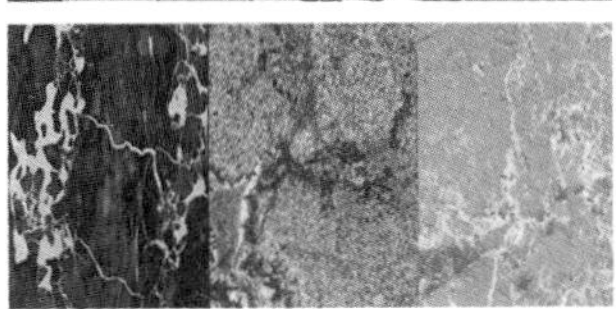

图3-15　瓷砖的色彩

图3-16　瓷砖的装饰效果

是用陶土等天然材料烧制而成，在空间中大多数情况都是作为背景色出现的，所以瓷砖的色彩通常纯度不会太高，色调通常在明色调、弱色调、浓色调、钝色调的程度（见图3-15）。瓷砖的色彩也受其饰面处理的情况影响，釉面砖表面光滑，光泽度极高，色彩也显得光鲜亮丽；经过磨毛处理的砖面比较粗糙，呈现的色彩也相对朴素。

瓷砖通常用于厨房、卫生间等功能空间的背景色、主角色，能营造干净、清爽、时尚的配色氛围（见图3-16）。

（3）涂抹类材料

目前市面上常见的涂抹类材料主要有乳胶漆、硅藻泥、贝壳粉等，以目前的调色技术，这些材料都可以调出不同的色彩，其中以乳胶漆最为典型，乳胶漆可以通过电脑调漆精准地调出色卡上的任何色彩，能很好地满足配色需求，通常作为室内墙面背景色出现；硅藻泥色彩也很丰富，但由于其本身粉质较多，调出的色彩纯度也受到影响，通常以弱色调或钝色调的状态呈现（见图3-17）。

涂抹类材料作为空间的背景色，能够营造出满足各种配色需求的背景色，是比较理想的配色原料（见图3-18）。

（4）壁纸

壁纸的工艺发展至今已经十分完善，壁纸可以制作出模仿很多其他材质色彩肌理的视觉效果。色彩也是丰富多样，各种色彩的不同纯度、明度都能很好地展现，甚至可以根据需求进行后期的喷绘处理（见图3-19）。

图3-17　涂抹类材料的色彩

图3-18　涂抹类材料的装饰效果

图3-19　壁纸的色彩

壁纸作为背景色装饰效果丰富多变，是空间配色方案中比较常用的色彩元素（见图3-20）。

（5）木质材料

木质材料按饰面种类进行划分可分为实木饰面材料、贴皮饰面材料、漆面材料等。木质材料的饰面效果常以保留木质本身的色彩、纹路和肌理为主，有时也会做漆面处理，漆面处理的饰面板装饰效果就比较多样化，也可以呈现各种色彩、光泽度和质感（见图3-21）。

木质饰面材料可以作为空间的墙面背景色出现，也可以用作柜门板以厨房空间的主角色或配角色出现，能给人自然、高档、典雅或是时尚、前卫、动感的视觉感受（见图3-22）。

（6）金属材料

金属板材通常作为墙面或家具的装饰边角、台面等形式出现，在家具中很少大面积使用金属材料做装饰（见图3-23）。金属材料呈现的色彩比较单一，主要以金色、银色等金属色为主，光泽度较好，有时能达到镜面的效果。金属材料通常不会被大面积用作配色材料，通常作为点缀色出现，因其独特的光泽效果能给人时尚、精致、高科技的视觉感受（见图3-24）。

（7）塑料材料

塑料装饰材料通常应用于墙面或顶面饰面板、家具表面以及装饰品等（见图3-25）。塑料制品能呈现各种色彩、花纹和肌理，色彩的色相、纯度、明度都能够按照需求进行调整，造价低、重量轻、装饰效果好，是非常受青睐的装饰材料。

塑料材质可用作空间的背景色、主角色或配角色，点缀色也比较常见，其装饰效果丰富多样，可艳丽、可朴素、可高雅、可时尚，适合应用于中低端空间的配色方案（见图3-26）。

（8）玻璃材料

玻璃材质透光性较好，可以透射其他空间的色彩。经过处理的磨毛玻璃、玻璃砖、镜面等在透射过程中还发生折射，出现光怪陆离的视觉效果（见图3-27）。透明的玻璃没有色彩，有些玻璃本身具有色彩，比如压花玻璃、彩色平板玻璃、玻璃装饰品等，色彩纯度较高，能给人晶莹剔透的视觉效果。

玻璃、镜面材质常被应用于空间隔断、餐桌或茶几台

图3-20　壁纸的装饰效果

图3-21　木质材料的色彩

图3-22　木质材料的装饰效果

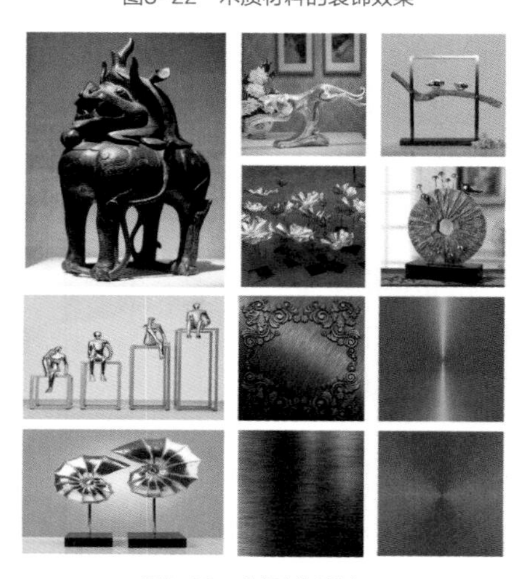

图3-23　金属材料的色彩

图3-24　金属材料的装饰效果

图3-25　塑料材料的色彩

图3-26　塑料材料（仿木质）的装饰效果

图3-27　玻璃材料的色彩

图3-28　玻璃材料的装饰效果

图3-29　布艺材料的色彩

面以及各种配饰品，大面积运用的玻璃或镜面通常没有色彩；玻璃材质的配饰品色彩较为鲜艳，常作为点缀色出现（见图3-28）。

（9）布艺材料

布艺材料质感柔软舒适，种类众多，如棉、麻、丝绸、绒、皮毛等，色彩丰富，可根据需求调整色彩的明度、纯度，基本能满足所有的色彩需求。布艺材料肌理类型较多，可粗糙、可细腻，可柔顺、可坚挺，能营造各种风格、氛围的家居空间，是家居空间必不可少的软装饰材料（见图3-29）。

布艺材料可以作为空间的背景色出现，如墙布、窗帘等，也可以作为空间的主角色或配角色出现，如床品、布艺沙发等，还可以作为点缀色，如沙发靠垫、床上的抱枕、餐桌上的桌旗（见图3-30）。

图3-30　布艺材料的装饰效果

3.2.2　自然材质与人工材质

（1）自然材质

自然材质的色彩细致丰富，多为黄绿色系，色彩纯度低，装饰表面色彩不均，且常伴有天然的纹路，具有朴素淡雅的格调，但相对缺乏艳丽的色彩和耀眼的光泽。自然材质适合营造自然、朴素的空间氛围（见图3-31）。

（2）人工材质

人工材质的装饰效果非常丰富，多数材料都能满足任何的色彩要求和肌理要求，可细腻、可粗糙、可坚硬、可柔软。人工材质能很好地满足装饰和配色需求，是配色设计中最为主要的组成部分和色彩载体（见图3-32）。

一般的空间配色设计多采用自然材质和人工材质相结合的办法来取得丰富的配色效果（见图3-33）。

图3-31　自然材质的配色效果

图3-32　人工材质的配色效果

图3-33　自然材质与人工材质相结合的配色效果

任务实施

（1）布置学习任务

明确学习任务的内容、目标、要求，特别是学习性工作任务的内容、目标、要求及完成学习性工作任务所需要掌握的理论知识、方法、途径和步骤，明确可利用的资源，要求学生课前按思考与复习要求完成知识储备部分内容的预习。

（2）理论知识引导学习

采用教师主导、学生为主体、理论与实践相结合的教学方法完成知识储备部分理论知识的学习。

（3）制作装饰材料及装饰品色彩表格

将装饰材料及装饰品材料进行分类，写出每种材料能呈现的色相、明度、纯度、光泽度等情况，为今后配色方案的设计提供素材和依据。

总结评价

学生完成学习任务后，教师根据学生对知识的掌握情况、完成作业的准确情况和学习态度进行评价，肯定优点的同时提出改进意见。

思考与复习

1. 家居材料按材质可以分为几类?
2. 石材的色彩属性通常是什么样的? 如何应用?
3. 瓷砖的色彩属性通常是什么样的? 如何应用?
4. 涂料的色彩属性通常是什么样的? 如何应用?
5. 壁纸的色彩属性通常是什么样的? 如何应用?
6. 木材的色彩属性通常是什么样的? 如何应用?
7. 金属的色彩属性通常是什么样的? 如何应用?
8. 塑料的色彩属性通常是什么样的? 如何应用?
9. 玻璃的色彩属性通常是什么样的? 如何应用?
10. 布艺的色彩属性通常是什么样的? 如何应用?
11. 自然材质的色彩及肌理如何?
12. 人造材质的色彩及肌理如何?

巩固训练

上网查找任意家居配色图片，谈谈图片中出现了哪些硬装饰材料及软装饰品材料，分析这些材料的色彩如何，装饰效果如何。

制定人群配色方案

知识目标

1 了解人群配色的目的和意义；
2 明确根据人群进行空间配色的基本方法；
3 掌握不同性别人群普遍偏好的色彩、色调；
4 掌握不同性别人群适合的配色类型；
5 掌握不同年龄阶段人群普遍偏好的色彩、色调；
6 掌握不同年龄阶段人群适合的配色类型。

技能目标

1 能够根据不同性别人群的喜好或特征选择合适的色彩进行配色；
2 能够根据不同性别人群的喜好或特征选择合适的色调进行配色；
3 能够根据不同性别人群的喜好或特征选择合适的配色类型进行配色；
4 能够根据不同年龄阶段人群的喜好或特征选择合适的色彩进行配色；
5 能够根据不同性别阶段人群的喜好或特征选择合适的色调进行配色；
6 能够根据不同性别阶段人群的喜好或特征选择合适的配色类型进行配色；
7 能够根据顾客的性别、年龄等情况进行个性化的配色方案设计；
8 能够对配色方案进行分析讲解，从而打动顾客。

4.1 制定适合不同性别人群的空间配色方案

工作任务

任务目标

通过学习了解针对不同性别人群配色的基本方法，包括适合不同性别人群的色彩、适合不同性别人群的配色类型、适合不同性别人群的色调等具体内容。能够根据所学内容准确地进行不同性别人群的空间配色方案设计，并能独立完成设计方案的表达、配色分析和配色设计说明。

任务描述

本任务通过知识储备部分内容的学习，完成学习性工作任务——不同性别人群的配色方案设计。首先分析不同性别人群适合的配色和对配色的偏好，从而确定配色方案所采用的色彩、色调及配色类型，绘制配色效果图进行展现，并撰写配色方案设计分析和说明，最终形成一套完整的针对不同性别人群的配色设计方案，以演示文稿的形式进行体现。

工作情景

工作地点：多媒体教室。

工作场景：学生在教师指导下编写配色方案，明确色彩、色调、配色类型、四角色等具体内容后，按照配色方案完成配色效果图；根据不同性别人群以图片展示为主、文字分析说明为辅的形式形成配色整体方案的演示文稿；每组派1~2名同学进行方案的展示和讲解，师生共同提出优点及修改意见，经过对方案的二次修改完善后进行配色方案的提交。

知识储备

在日常生活中，我们会有这样的感受，男性和女性作为两个不同性别的人群，对周遭事物的感受、看法和喜好都有着或大或小的差异，这些差异无外乎是由男性与女性的生理构造、思维方式、心理需求、行为习惯等方面的不同所导致的。

这种差异也体现在对色彩的感受力、喜好和选择倾向上，不同性别人群对颜色的感受力、喜好和选择倾向会有明显的不同，但同性别人群对色彩的感受力、喜好和选择倾向则能在一定程度上产生共鸣，这是我们可以按照性别对人群配色进行研究的基本依据。

4.1.1 适合男性的空间配色

（1）适合男性空间的色彩

适合男性的色彩通常是能体现男性特点的色彩，如蓝色系、绿色系、棕色系、无彩色系等（见图4-1）。

①蓝色系：以蓝色为中心的冷色系配色，能够展现理智、冷静、高效的男性气质，如蓝色、蓝紫色、蓝绿色等。冷色系配色比较受男性群体的青睐，也是最能代表男性的色彩（见图4-2）。

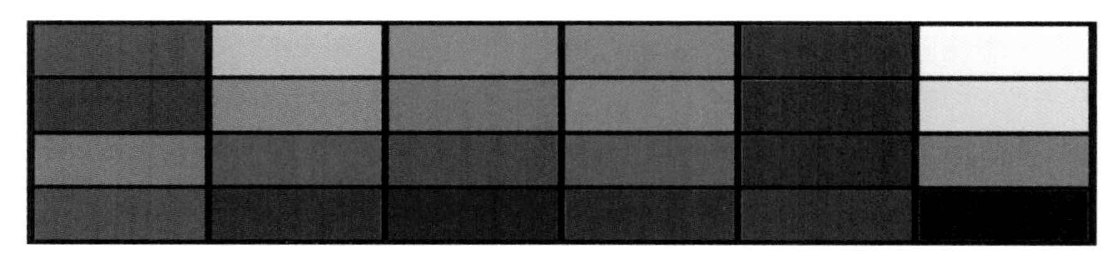

图4-1 适合男性的色彩

图4-2　男性空间配色——蓝色系

图4-3　男性空间配色——绿色系

图4-4　男性空间配色——棕色系

②绿色系：绿色系作为中性色，能体现年轻男性健康、阳光的色彩印象，如深绿色、灰绿色等，具有厚重感，加入具有男性特点的有色系组合中，能够增添生机（见图4-3）。

③棕色系：棕色系具有厚重感，能体现男性成熟、沉稳的特性，也是突显男性力量感和传统感的配色（见图4-4）。

④无彩色系：无彩色系组合能够展现具有时尚感的男性气质，黑色或灰色的大面积使用，空间配色印象沉稳，体现坚实感。以白色为主，搭配黑色和灰色，色彩的强烈、鲜明对比可以体现居室雅致的格调，比较适合带有文艺气息的男性（见图4-5）。

图4-5　男性空间配色——无彩色系

（2）适合男性空间的色调

男性空间配色从色调选择的角度分析，可以考虑采用低明度的各种色调来表现男性人群沉稳、踏实的特征，如浓色调、钝色调、暗色调、涩色调、黑暗色调等（见图4-6）。

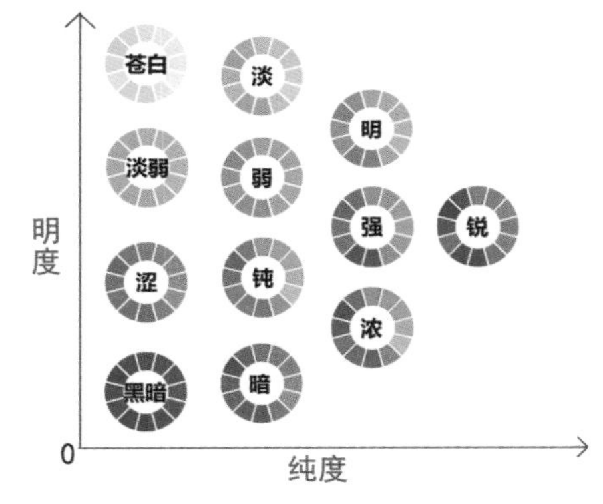

图4-6　适合男性的色调

①浓色调：浓色调纯度较高，明度较低，能给人力量感和踏实感，同时浓色调还能营造高级、成熟、充实等配色印象，也很适合男性空间使用，能很好地表现男性优越的实力和成熟的品位（见图4-7）。

②钝色调：钝色调明度偏低，纯度适中，给人高雅、成熟、稳重、庄严的视觉感受。钝色调产生的力量感稍逊于浓色调，因此更适合运用在成熟、儒雅的男性空间配色中（见图4-8）。

③暗色调：暗色调明度低，纯度适中，给人坚实、成熟、安稳、结实、传统、古旧的色彩印象，低明度加强了色彩的稳定感和古旧感，更适合表现沉稳、考究的男性空间（见图4-9）。

（3）适合男性空间的配色类型

为体现男性沉稳、理智、力量感等气质，通常不会使用数量超过三种色彩

图4-7 男性空间配色——浓色调空间

图4-8 男性空间配色——钝色调空间

图4-9 男性空间配色——暗色调空间

图4-10 男性空间配色——同相型配色空间

图4-11 男性空间配色——类似型配色空间

图4-12 男性空间配色——准对决型配色空间

的空间配色设计。适合男性空间配色类型包括：同相型配色、类似型配色以及准对决型或对决型空间配色。

①同相型配色：同相型配色能营造宁静、干练、简约的空间配色效果，体现很强的执着感和时尚感，较符合男性人群的配色偏好，有利于表现男性沉着、冷静、理智的特点。选择适合的色彩进行配色更有利于营造适合不同男性的空间配色方案设计，是男性空间配色中最常见的配色类型（见图4-10）。

②类似型配色：类似型配色比同相型配色具有更丰富的层次变化，色彩的搭配也比同相型更加活泼，可以避免配色单调的同时兼具稳定感。类似型配色也能体现男性空间的理智、素雅，能很好地塑造独具男性魅力的配色空间（见图4-11）。

③准对决型或对决型配色：准对决型或对决型配色色彩差距较大，配色效果活泼、热闹，具有很强的视觉冲击力和运动感，可运用准对决型或对决型配色表现年轻、有活力的男性形象，打造动感、健康的男性空间（见图4-12）。

4.1.2 适合女性的空间配色

（1）适合女性空间的色彩

通常人们认为冷色代表男性，暖色代表女性，虽然概括不完全正确，但也在很大程度上验证了具有女性特点的空间配色通常是温暖柔和的。这些色彩在体现女性人群温柔、娇美的同时也更被女性人群所喜爱。

适合女性的空间配色常用色系为红色系、粉色系、紫色系、橙黄色系等（见图4-13）。

①红、粉色系：红、粉色系被认为是女性的代表色彩，红色的色彩印象热情艳丽，粉色的色彩印象浪漫可爱，两者都能体现出女性娇艳、美丽、浪漫、温婉的特点，被女性人群所热爱（见图4-14）。

②橙、黄色系：温暖的橙色和黄色，给人传达出鲜艳、健康、热情、活泼的配色印象，能体现女性温暖、柔和的气质，也能传达出温暖、包容、放松、愉悦的信号，是女性空间配色的理想选择（见图4-15）。

③紫色系：紫色介于暖色与冷色之间，色彩的冷热感趋于中性化，我们可以把它理解成既包含红色的艳丽又包含蓝色的冷静，所以紫色呈现出来的是一种既艳丽又高冷、既妩媚又理性的成熟女性特点，因此，神秘而高雅的紫色系是有代表性的女性空间配色色彩（见图4-16）。

图4-13　适合女性的色彩

（2）适合女性空间的色调

女性空间的配色在使用色相方面基本没有限制，即使是黑色、蓝色、灰色也可以随性搭配，前提是要注意色调的选择，应该采用能体现女性阳光、活力的高明度色，避免过于强烈的色调及强烈的对比色。适合女性的空间配色常用色调有：锐色调、强色调、明色调、淡色调、苍白色调（见图4-17）。

①锐色调、强色调：锐色调和强色调空间配色色彩纯度高，给人热情、动感、艳丽、活跃的色彩印象，这种配色氛围有利于营造活泼、纯真的空间氛围，适合用于年轻、有活力的女性空间（见图4-18）。

②明色调：明色调空间配色的明度和纯度较高，带给人清新、平和、舒适、纯净的感觉，很像是青年女性给人的印象，热情又不过于激烈，柔和又不失视觉冲击力。因此，这种配色比较适合营造活泼、明快的女性空间配色（见图4-19）。

③淡色调：淡色调的明度较高，纯度适中，给人纤细、轻柔、高档、纯真的

图4-14　女性空间配色——红、粉色系空间

图4-15　女性空间配色——橙、黄色系空间

图4-16　女性空间配色——紫色系空间

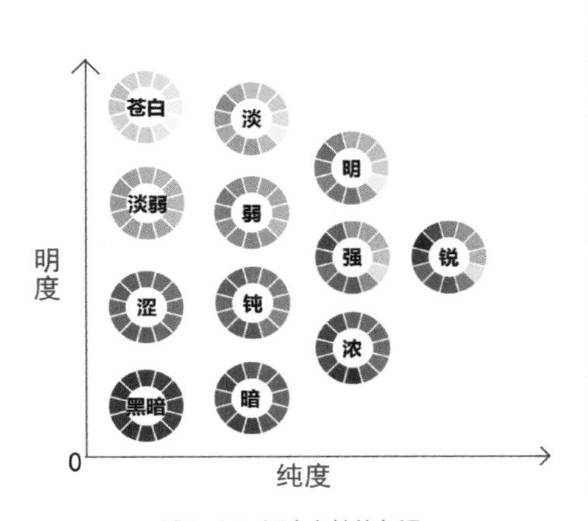

图4-17　适合女性的色调

图4-18　女性空间配色——强色调空间

图4-19　女性空间配色——明色调空间

图4-20　女性空间配色——淡色调空间

图4-21　女性空间配色——弱色调空间

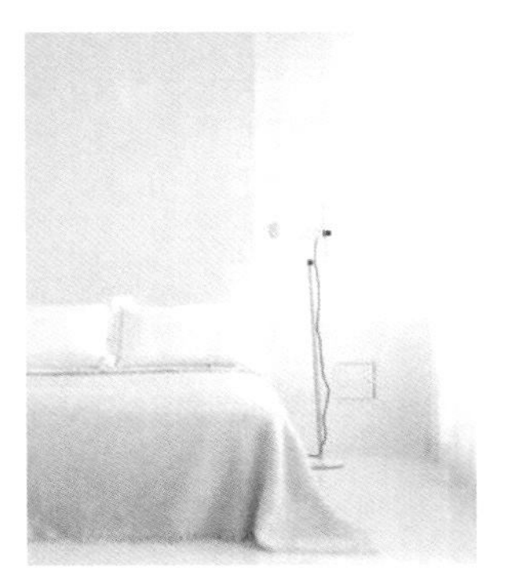

图4-22　女性空间配色——苍白色调空间

视觉感受，能够表现女性温柔、纯真的气质，非常适合年轻、温顺的女性空间配色（见图4-20）。

④弱色调、淡弱色调：弱色调和淡弱色调色彩明度较高，纯度较低，给人雅致、温和、洁净、轻柔的配色印象，适合表现女性成熟、和蔼的特性，适合年纪偏长、有一定生活阅历的女性（见图4-21）。

⑤苍白色调：苍白色调空间色彩纯度接近无彩色，明度较高，给人干净、洗练、明朗、天真的色彩印象，适合表现女性纯洁、高雅、清冷的特性，适合喜欢干净、简约的时尚女性（见图4-22）。

（3）适合女性空间的配色类型

女性的空间配色可以采用各种色相型搭配，包括同相型和类似型配色、准对决型和对决型配色、三角型配色、四角型配色、全相型配色。

①同相型、类似型配色：完全采用同一色相或相邻色相的配色，能给人平稳、宁静的配色效果，采用女性化的色彩更能有利于营造整齐、统一的女性空间配色，因此，同相型、类似型配色是女性空间配色常会用到的配色类型（见图4-23和图4-24）。

②准对决型、对决型配色：在空间配色中，使用准对决型或对决型配色方式可以营造活泼、健康、华丽的氛围，若采用接近纯色调的对决型配色则可以展现充满刺激性的艳丽色彩印象。由于对决型配色过于刺

图4-23 女性空间配色——同相型配色空间

图4-24 女性空间配色——类似型配色空间

图4-25 女性空间配色——准对决型配色空间

激，家居中通常采用准对决型配色方式。准对决型配色方式比对决型要缓和一些，兼具一些平衡感（见图4-25和图4-26）。

③多色相型：三角型、四角型和全相型配色都能很好地对女性空间进行搭配，这是由适合女性色彩的全面性和多元化决定的。配色色彩数量越多，色彩差异越大，空间就越能表现华丽的感觉。在家居表现中给人活力、健康、热烈的感觉，十分适合女性配色空间（见图4-27）。

图4-26 女性空间配色——对决型配色空间

图4-27 女性空间配色——多色相型配色空间

任务实施

（1）布置学习任务

明确学习任务的内容、目标、要求，特别是学习性工作任务的内容、目标、要求及完成学习性工作任务所需要掌握的理论知识、方法、途径和步骤，明确可利用的资源，要求学生课前按思考与复习要求完成知识储备部分内容的预习。

（2）理论知识引导学习

采用教师主导、学生为主体、理论与实践相结合的教学方法完成知识储备部分理论知识的学习。

（3）拟定人物制定配色方案并表现

拟定人物，根据其性别进行配色方案的设计，找出适合的色彩、色调和配色类型，确定空间配色的四角色；准备未填充色彩的室内效果图，按配色方案填充色彩；将配色效果图制作成演示文稿并撰写设计说明。

（4）方案汇报

每组派1~2名同学进行方案的展示和讲解，师生共同提出优点及修改意见。

（5）方案的修改与提交

经过对方案的二次修改完善后进行配色方案的提交。

总结评价

学生完成学习任务后，教师根据学生对知识的掌握情况、完成作业的准确情况和学习态度进行评价，肯定优点的同时提出改进意见。

思考与复习

1. 适合男性空间配色常用色系有哪些?
2. 适合女性空间配色常用色系有哪些?
3. 适合男性空间配色常用的色调有哪些?
4. 适合女性空间配色常用的色调有哪些?
5. 适合男性空间配色常用的配色类型有哪些?
6. 适合女性空间配色常用的配色类型有哪些?
7. 如何根据人群性别进行空间配色方案设计?

巩固训练

针对身边不同性别的亲人、朋友进行调研，了解他们喜好的色彩有哪些，喜欢哪种空间配色的形式，将结果进行记录整理并分析，进一步了解不同性别人群对色彩和配色的喜好。

4.2　制定适合不同年龄阶段人群的空间配色方案

工作任务

任务目标

通过学习了解针对不同年龄人群配色的基本方法，包括适合不同年龄人群的色彩、色调、配色类型等具体内容。能够根据所学内容准确地进行不同年龄人群的空间配色方案设计，并能独立完成设计方案的表达、配色分析和配色设计说明。

任务描述

本任务通过知识储备部分内容的学习，完成学习性工作任务——不同年龄人群的配色方案设计。首先分析不同年龄人群适合的配色和对配色的偏好，从而确定配色方案所采用的色彩、色调及配色类型，绘制配色效果图进行展现，并撰写配色方案设计分析和说明，最终形成一套完整的针对不同年龄人群的配色设计方案，以演示文稿的形式进行体现。

工作情景

工作地点：多媒体教室。

工作场景：学生在教师指导下编写配色方案，明确色彩、色调、配色类型、四角色等具体内容后，按照配色方案完成配色效果图；根据不同年龄人群以图片展示为主、文字分析说明为辅的形式形成配色整体方案的演示文稿；每组派1~2名同学进行方案的展示和讲解，师生共同提出优点及修改意见，经过对方案的二次修改完善后进行配色方案的提交。

知识储备

不同年龄阶段的人群对事物的看法、理解、喜好都有所不同，比如对空间色彩的喜好就是如此，不同年龄阶段人群对色彩与色调的喜好、对配色类型的倾向都不相同，而每个年龄阶段都有比较适合或是被该年龄阶段群体广泛喜爱的色彩、色调和配色类型。因此，我们可以按照使用者的不同年龄阶段对其进行针对性配色方案的设计，以使配色方案能够符合该年龄阶段人群的喜好。

我们可以将人群的年龄阶段进行如下划分，包括：儿童阶段、少年阶段、青年阶段、中年阶段和老年阶段。

4.2.1 适合儿童的空间配色

（1）适合儿童的色彩

儿童对色彩的喜好通常比较统一：高纯度或高明度的色彩配置在一起产生鲜艳醒目的配色效果是这一年龄阶段人群的普遍喜好。这是因为儿童阶段也是人眼的发育阶段，需要得到高纯度的艳丽色彩对视觉进行刺激，帮助眼睛发育。此外，鲜艳的色彩营造活泼、愉悦的氛围，也能对儿童的心理产生积极的影响，有利于儿童的心理健康。

①黄色系：高明度或高纯度的黄色给人温暖、明快的感觉，用在儿童房能营造温馨、愉悦的空间氛围，搭配其他高纯度的色彩更能增添空间活泼的印象（见图4-28）。

②绿色系：绿色代表健康、自然、活力和生机，将高明度的绿色作为儿童房的主色，搭配其他色彩，可以为孩子营造一个自然、充满活力的居住空间（见图4-29）。

（2）适合儿童的色调

儿童偏好的色调可以是强色调也可以是明色调、淡色调（见图4-30），或可根据使用者的年龄进行进一步的细化。

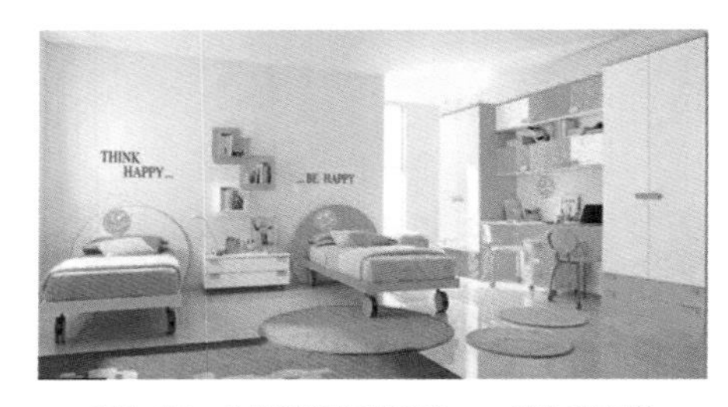

图4-28 儿童阶段空间配色——黄色系空间

图4-29 儿童阶段空间配色——绿色系空间

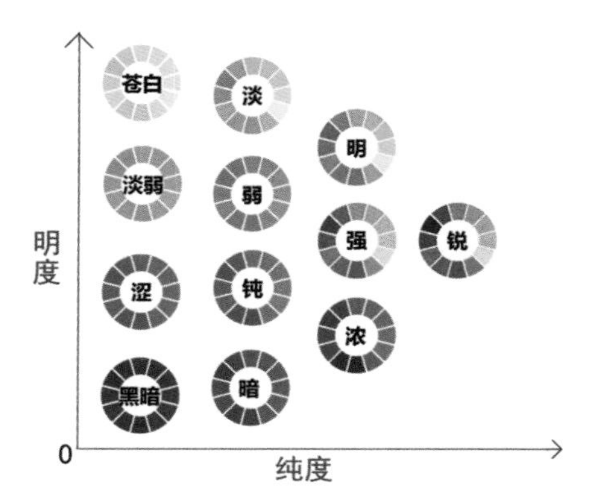

图4-30 儿童空间的色调

图4-31　儿童阶段空间配色——淡色调空间

图4-32　儿童阶段空间配色——强色调空间

图4-33　儿童阶段空间配色——明色调空间

图4-34　儿童阶段空间配色——准对决型配色空间

图4-35　儿童阶段空间配色——对决型配色空间

图4-36　儿童阶段空间配色——多相型配色空间

①0~1岁的婴儿阶段：婴儿阶段配色通常是以其监护人的喜好为准，选择看起来柔软、细腻的淡色调（见图4-31）。

②2~7岁的幼儿阶段：幼儿阶段倾向于强色调带来的愉悦、艳丽的配色效果（见图4-32）。

③7~13岁的学龄阶段：学龄阶段儿童比较适合看起来天真、纯净的明色调（见图4-33）。

（3）适合儿童的配色类型

儿童在色彩搭配类型上比较倾向于多相型配色，如三角型配色、四角型配色或全相型配色，或是色相差距较大的配色类型，如准对决型配色或对决型配色。

①准对决型、对决型配色：此类配色对比反差大，视觉冲击力极强，配色效果活泼、愉悦，很符合儿童的心理需求和喜好（见图4-34和图4-35）。

②多色相型配色：这类配色色彩丰富艳丽，营造热烈、开放的节日氛围，非常适合儿童房配色（见图4-36）。

4.2.2　适合少年的空间配色

随着生活阅历的增加和审美的转变，少年对色彩的喜好在儿童阶段的基础上也有了一定的变化。

（1）适合少年的色彩

少年阶段有了较强的性别意识，在对色彩的喜好上也产生了分歧。男孩更喜欢清爽、理性的蓝色或健

图4-37　少年空间配色——粉色系空间

图4-38　少年阶段空间配色——紫色系空间

图4-39　少年阶段空间配色——蓝色系空间

康、自然的绿色；而女孩则喜欢可爱、甜美的粉色或浪漫、雅致的紫色。

①粉色系：粉色是最适合女孩空间的色彩，温柔、甜美的粉色给人一种温馨、安全、被呵护的感觉（见图4-37）。

②紫色系：高明度的紫色给人浪漫、唯美的感受，也是少女钟爱的色彩之一。紫色中加入白色可以提高空间的明度，增添梦幻、清新的效果（见图4-38）。

③蓝色系：蓝色给人一种沉稳的感觉，是男性的代表色，比较适合少男的空间，由于蓝色带着一点点的忧郁气息，所以搭配白色作为调和，可以使其变得明亮、活泼（见图4-39）。

（2）适合少年的色调

少年对色调的喜好对比儿童变化不大，只是不再容易接受强色调配色，更喜欢干净、柔和的明色调或淡色调，这也成为少年空间配色方案设计的一个关键点（见图4-40）。

①淡色调、明色调：高明度的色调给人柔和、梦幻、清新的配色印象，非常受这一年龄阶段的使用者尤其是女孩的喜欢（见图4-41和图4-42）。

②浓色调：这一年龄阶段的男性对色彩的喜好会趋向于成年人，喜欢看起来有力度感、深沉、高档、时尚的浓色调（见图4-43）。

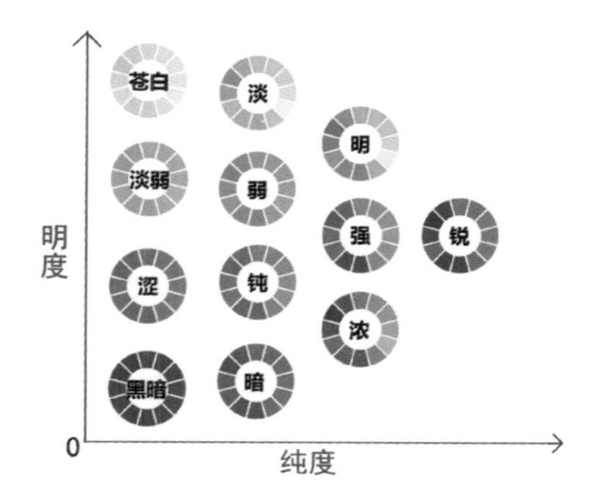

图4-40　适合少年阶段的色调

图4-41　少年空间配色——淡色调空间

图4-42　少年空间配色——明色调空间

图4-43　少年阶段空间配色——浓色调空间

图4-44　少年阶段空间配色——同相型少女空间

图4-45　少年阶段空间配色——同相型少男空间

（3）适合少年的配色类型

在搭配类型上，少年更偏好看起来成熟安静的同相型或类似型配色；此外，准对决型或对决型配色能营造时尚、个性的配色效果，也被这年龄阶段的使用者所推崇。

①同相型或类似型配色：产生的执着感和统一性能够将色彩本身的色彩印象完全发挥出来，如粉色或粉色与紫色搭配的少女房（见图4-44）、蓝色的少男房（见图4-45）都是运用同相型或类似型进行配色的。

②准对决型或对决型配色：该配色类型对比强烈，容易产生活泼、幼稚的配色效果，在少年阶段人群看来此种配色是非常俗气的，因此，在运用时一定要控制色彩的色调，才能产生时尚、个性的配色效果（见图4-46）。

图4-46　少年阶段空间配色——准对决型空间

4.2.3　适合青年的空间配色

青年对色彩的喜好偏于时尚化、个性化，喜欢看起来现代感十足又能体现自己个性的色彩搭配。由于这个阶段的人群在喜好上呈现出的多元化，体现在色彩搭配上也很难归纳出绝对受欢迎的色彩、色调和配色类型，总而言之，只要是符合他们喜好的色彩搭配就是好的。

（1）适合青年的色彩

青年喜好的色彩因人而异，与性格、职业、经历、眼界等多方面因素有关，因此，几乎每种色彩都可以应用于此阶段人群的空间配色。

①黑、白、灰的经典搭配：无彩色系的配色时尚感极强，配色效果堪称经典，是青年人比较青睐的色彩搭配，在运用时要注意拉大色块之间的色彩对比，避免出现“一片模糊”的配色效果（见图4-47）。

图4-47　青年阶段空间配色——无彩色系空间

②高纯度色与无彩色系的搭配：高纯度色视觉冲击力强，有力量感，搭配无彩色系时尚中富有动感，也是年轻人比较推崇的色彩搭配（见图4-48）。

（2）适合青年的色调

青年人群喜好的色调没有明显的限制，比较有特点的就是分化于色彩纯度的两个极端的色调，包括高纯度的锐色调、强色调和低纯度的苍白调、淡弱调、涩调、黑暗调。这些色调更能体现青年人群时尚、个性的色彩偏好（见图4-49）。

①锐色调、强色调：此类调色彩鲜艳醒目，能营造健康、时尚的配色效果，适合运动型的青年人群（见图4-50）。运用时要注意控制色彩数量和面积，避免出现过于丰富的配色效果，给人幼稚、俗气的印象。

②苍白色调、淡弱色调：此类色调配色效果干净、雅致，能营造简洁、干练的配色效果，适合崇尚简约生活方式的年轻人（见图4-51）。

③涩色调、黑暗色调：此类色调配色效果踏实、稳重，力量感十足，适合沉稳的青年男性（见图4-52）。

（3）适合青年的配色类型

青年喜好的色彩搭配类型比较广泛，可以说任何配色类型只要色彩选择合理，都能满足青年阶段人群的喜好。

①同相型、类似型配色：能体现色彩本身的色彩印象，有较强的执着感和人工性，能营造理性、执着、时尚的配色效果，适合沉稳、理性、有艺术品位的年轻人（见图4-53）。

②准对决型、对决型配色：色彩差异大，配色效果活跃、醒目，适合健康、积极的青年人群（见图4-54）。

③多色相型配色：青年的空间可以采用多色相型配色，营造健康、丰富、活跃的空间氛围。但为保证配色效果不出现混乱的情况，最好将色彩数量控制在3~4种，合理规划色彩的面积、位置，才能搭配出符合青年个性化审美的需求（见图4-55）。

图4-48　青年阶段空间配色——高纯度色空间

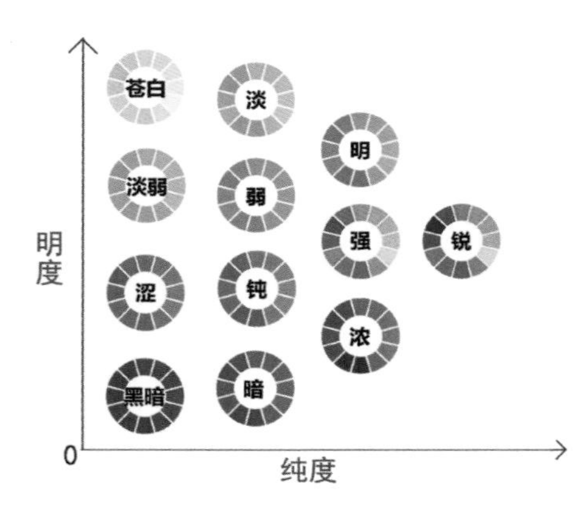

图4-49　适合青年阶段的色调

图4-50　青年阶段空间配色——强色调空间

图4-51　青年阶段空间配色——淡弱色调空间

图4-52　青年阶段空间配色——黑暗色调空间

图4-53　青年阶段空间配色——同相型配色空间

图4-54　青年阶段空间配色——准对决型配色空间

图4-55　青年阶段空间配色——三角型配色空间

图4-56　中年阶段空间配色——棕色系空间

图4-57　中年阶段空间配色——浅冷色系空间

图4-58　中年阶段空间配色——原木色系空间

4.2.4　适合中年人的空间配色

中年人对色彩的喜好偏于成熟、稳重、复古、考究，讲求空间的品位和档次，这是由他们的生活阅历和经济基础所决定的。

（1）适合中年人的色彩

中年人适合的色彩包括沉稳高档的深暖色系、理智儒雅的浅冷色系、复古考究的原木色系、自然放松的绿色系等。

①深暖色系：深暖色系包括棕色系、土黄、赭石、酒红等色彩，通常是木质家具或护墙板的色彩，此类色彩能营造高档、沉稳、成熟的空间印象，符合中年人士的审美需求（见图4-56）。

②浅冷色系：此类色彩给人理智、儒雅、沉静、超然的感受，适合喜爱色彩的中年人士，尤其是女性（见图4-57）。

③原木色系：此类色彩能给人自然、淡雅的配色感受，自然感强，适合追求自然情趣的中年人士（见图4-58）。

（2）适合中年人的色调

中年人更喜欢偏浓色调或暗色调的配色，以体现空间的沉稳、大气、华丽、古典；此外，弱色调给人感觉雅致温和，钝色调给人感觉稳重高档，也都是中年人配色的理想选择（见图4-59）。

①浓调、暗调：低明度的色调能营造沉稳、成熟、华丽、复古的空间印象，符合中年人喜好高档次、有品位、有内涵的空间的审美需求（见图4-60）。

②弱色调、钝色调：这两种色调都属于纯度、明度适中的色调，任何色彩在此色调下均不会产生强烈的视觉冲击，给人平和、中庸的印象，比较符合沉稳、儒雅的中年人的特点（见图4-61）。

（3）适合中年人的配色类型

在色彩搭配类型上，中年人比较偏好同相型搭配或类似型搭配，色彩数量最好不要超过三种，色彩之间的反差也不适合过于强烈，以免产生幼稚、庸俗的配色印象。

①同相型或类似型配色：此类配色给人干净、整洁、平稳、庄重、和谐统一的视觉效果，符合中年人的气质（见图4-62）。

②准对决型或对决型配色：强烈的色彩冲突虽然会消减空间成熟、雅致的印象，但如能控制好色彩的面积和纯度，还是可以为空间增添一丝情趣，让空间不会过于古板、沉闷，适合热爱生活，有生活情趣的中年女性（见图4-63）。

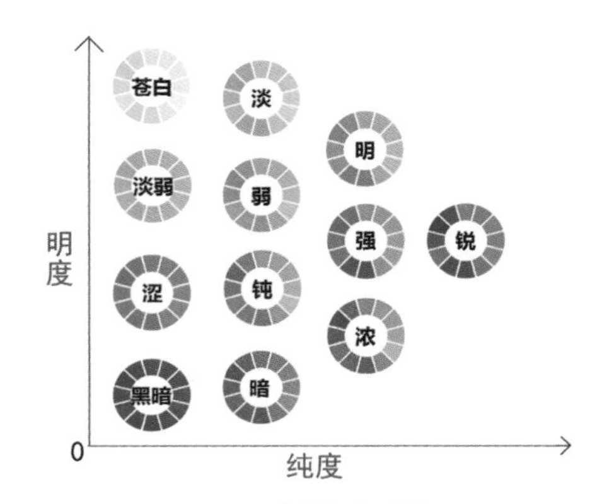

图4-59　适合中年阶段的色调

图4-60　中年阶段空间配色——浓色调空间

图4-61　中年阶段空间配色——弱色调空间

4.2.5　适合老年人的空间配色

老年人对空间配色的要求不仅是在审美层面，更要考虑色彩对老年人身体及心理的影响。通常我们认为一些纯度、明度偏低的颜色比较适合老年人，但不代表所有老年人都喜好这种看起来有些衰老的色彩，相反很多老年人更倾向于一些看起来比较有活力的高纯度色彩，但高纯度的色彩并不适合大面积的运用在空间配色里，以免引起老年人心率、血压等变化。可见老年人群的空间配色要充分考虑其心理需求和生理特点。

（1）适合老年人的色彩

老年人的空间比较适合明度、纯度适中的色彩。有些老年人会比较偏爱鲜艳的高纯度的色彩，如大红、玫红、黄、绿等，但考虑到这些高纯度的色彩会使人心率加快、血压升高，因此，高纯度色并不适合大面积运用在空间里，可考虑作为点缀色在空间内应用，以起到活跃空间氛

图4-62　中年阶段空间配色——同相型空间

图4-63　中年阶段空间配色——准对决型空间

图4-64　老年阶段空间配色——浅暖色系空间

图4-65　老年阶段空间配色——深暖色系空间

图4-66　老年阶段空间配色——浅冷色系空间

图4-67　老年阶段空间配色——中性色空间

围的作用。此外，低明度的冷色产生阴暗、消极的视觉效果，黑暗的色彩让人感觉恐怖、压抑，都不适合应用于老年人的空间。

①浅暖色：浅暖色如米色、浅米黄色、米白色等，淡雅、温馨，用作老人房的软装主色，可以让人精神放松，有舒适感（见图4-64）。

②深暖色：深暖色如棕色、深咖啡色、深卡其色等大地色，具有厚重感，能够表现亲切、淳朴、沧桑的感觉（见图4-65）。

③冷色系：在老人房中使用蓝色、蓝紫色等冷色，要避免纯度过高，或明度过低给人冰冷、忧郁的感受，建议用低纯度的冷色做背景色或点缀使用，并搭配暖色进行调节（见图4-66）。

④中性色：在老人房中使用绿色和紫色，注意控制色彩的纯度，紫色不宜过大面积的使用，可以作为点缀色，绿色可以大面积使用（见图4-67）。

（2）适合老年人的色调

老年人偏好的色调包括弱色调、淡弱色调、钝色调和涩色调。老人的视力减弱，墙面与家具、家具与布艺的色调对比明显一些，可以看得更清楚一些，能够避免碰撞，使用更方便（见图4-68）。

①弱色调、淡弱色调：此类色调明度偏高、纯度偏低，给人雅致、和蔼、舒畅、素净的空间印象，适合喜欢安静、明朗的空间氛围的老年女性（见图4-69）。

②钝色调、涩色调：此类色调明度、纯度都比较低，给人稳重、浑厚、沉静、古朴的空间印象，适合性格沉静的老年人（见图4-70）。

（3）适合老年人的配色类型

老年人可考虑使用同相型、类似型配色，也可以使用一些具有对比的准对决型或对决型配色来增加空间的活跃感，但要注意控制色调，以免激烈的色彩对比影响老年人的情绪和健康；同时，要避免使用大面积的深颜色，给人阴郁压抑的感受，影响使用者的心情。

①同相型、类似型配色：此类配色能体现空间执着、安静、素雅的氛围，适合老年人（见图4-71）。

②准对决型配色：恰当地使用色相对比，能够使老人房的气氛活跃一点，增加一些生机感，但对比感要柔和，避免使用纯色造成刺激（见图4-72）。

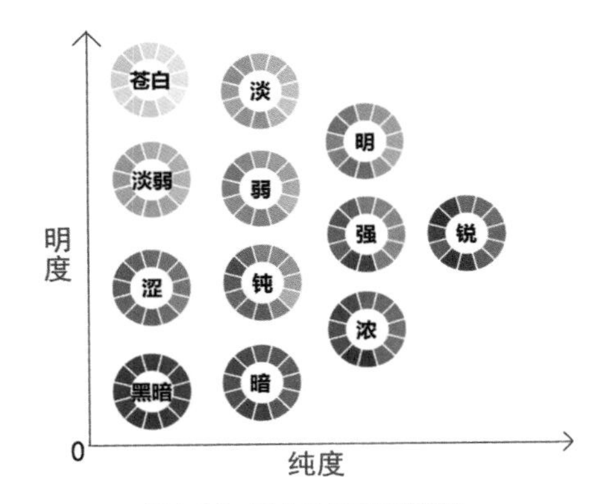

图4-68　适合老年阶段的色彩

图4-69　老年阶段空间配色——弱色调空间

图4-70　老年阶段空间配色——钝色调型空间

图4-71　老年阶段空间配色——类似型配色空间

图4-72　老年阶段空间配色——准对决型配色空间

任务实施

（1）布置学习任务

明确学习任务的内容、目标、要求，特别是学习性工作任务的内容、目标、要求及完成学习性工作任务所需要掌握的理论知识、方法、途径和步骤，明确可利用的资源，要求学生课前按思考与复习要求完成知识储备部分内容的预习。

（2）理论知识引导学习

采用教师主导、学生为主体、理论与实践相结合的教学方法完成知识储备部分理论知识的学习。

（3）拟定人物制定配色方案并表现

拟定人物，根据其性别及年龄阶段进行配色方案的设计，找出适合的色彩、色调和配色类型，确定空间配色的四角色；准备未填充色彩的室内效果图，按配色方案填充色彩；将配色效果图制作成演示文稿并撰写设计说明。

（4）方案汇报

每组派1~2名同学进行方案的展示和讲解，师生共同提出优点及修改意见。

（5）方案的修改与提交

经过对方案的二次修改完善后进行配色方案的提交。

总结评价

学生完成学习任务后，教师根据学生对知识的掌握情况、完成作业的准确情况和学习态度进行评价，肯定优点的同时提出改进意见。

思考与复习

1. 适合儿童的空间配色常用的色彩、色调和配色类型有哪些？
2. 适合少年的空间配色常用的色彩、色调和配色类型有哪些？
3. 适合青年的空间配色常用的色彩、色调和配色类型有哪些？
4. 适合中年人的空间配色常用的色彩、色调和配色类型有哪些？
5. 适合老年人的空间配色常用的色彩、色调和配色类型有哪些？
6. 如何综合人群的性别和年龄阶段进行统筹的配色方案设计？

巩固训练

针对身边不同年龄阶段的亲人、朋友进行调研，了解他们喜好的色彩有哪些，喜欢哪种空间配色的形式，将结果进行记录整理并分析，进一步了解不同年龄阶段人群对色彩和配色的喜好。

制定空间氛围配色方案

知识目标

1 了解空间氛围的概念和影响因素；
2 明确空间配色与营造空间氛围的关系；
3 掌握运用配色营造高档次的空间氛围的具体方法；
4 掌握运用配色营造有情调的空间氛围的具体方法；
5 掌握运用配色营造自然感的空间氛围的具体方法；
6 掌握运用配色营造都市感的空间氛围的具体方法。

技能目标

1 能够判断空间配色营造出的是什么样的空间氛围；
2 能够分析总结出营造不同空间氛围在配色方面有哪些规律和技巧；
3 能够运用色彩、色调及配色方式营造高档次的空间氛围；
4 能够运用色彩、色调及配色方式营造有情调的空间氛围；
5 能够运用色彩、色调及配色方式营造自然感的空间氛围；
6 能够运用色彩、色调及配色方式营造都市感的空间氛围；
7 能够根据客户对空间氛围的需求进行配色并制作配色方案的演示文稿；
8 能够综合运用专业知识及术语进行方案的演示及讲解。

5.1　制定高档次空间氛围的配色方案

工作任务

任务目标

通过学习了解空间配色与空间氛围营造的关系，明确营造高档次空间氛围的基本方法，包括营造高档次空间氛围运用的色彩、色调、配色类型等具体内容。能够根据所学内容准确地进行高档次空间氛围的配色方案设计，并能独立完成设计方案的配色分析、方案表达和配色设计说明。

任务描述

本任务通过知识储备部分内容的学习，完成学习性工作任务——高档次空间氛围的配色方案制作。首先分析高档次的空间氛围所运用的配色方法，从而确定配色方案所采用的色彩、色调及配色类型，绘制配色效果图进行展现，并撰写配色方案设计分析和说明，最终形成一套完整的高档次空间氛围的配色设计方案，以演示文稿的形式进行体现。

工作情景

工作地点：多媒体教室。

工作场景：学生在教师指导下分析案例图片的配色方法并试着进行配色方案的编写，拟定空间的色彩、色调、配色类型、四角色等具体内容后，小组内进行可行性论证，确定方案后按照配色方案完成配色效果图的绘制。根据高档次的空间氛围以效果图展示为主、文字分析说明为辅的形式形成配色整体方案的演示文稿；每组派1~2名同学进行方案的展示和讲解，师生共同提出优点及修改意见，经过对方案的二次修改完善后进行配色方案的提交。

知识储备

空间氛围指空间环境给人的一种主观的印象和感受，是由硬装及软装饰品的材质肌理、造型以及空间配色等因素决定的，其中空间配色是对空间氛围影响最强，也是起决定性作用的因素。

高档次的空间氛围指能体现一定文化气息和艺术品位且比较庄重、考究、奢华、典雅的空间环境。此类氛围的空间色彩大都比较浓郁厚重，给人沉稳、成熟的感受，适合有一定经济基础和生活阅历的中年人群。高档次的空间氛围可分为华丽、雅致、古典、庄严。

5.1.1 华丽氛围的空间配色

（1）体现华丽氛围的色彩

以暖色（如红色系、橙色系）为配色中心，表现具有喜悦感的华丽氛围（见图5-1）；以紫红、紫色系、粉紫色系为主的配色，具有妩媚的华丽感（见图5-2）。金属色以及高光泽度材质的运用可以明显提升华丽感，只要在配色中加以金色或银色的边框、线脚等装饰，或配合镜面、石材、金属等光泽度较好的材料就能让配色效果更加奢华（见图5-3）。

（2）体现华丽氛围的色调

通过研究发现，色彩的纯度越高越能体现华丽的视觉感受，但色彩明度提高，华丽感则下降，因此，营造华丽的空间氛围要注意保持色彩的纯度并控制其明度，强色调、浓色调的色彩更适合营造华丽的空间氛围（见图5-4）。

图5-1 华丽氛围的配色——暖色系

图5-2 华丽氛围的配色——紫红色系

图5-3 华丽氛围的配色——金属色

（3）体现华丽氛围的配色类型

在空间配色中，色彩的数量越少色彩差距越小，配色效果越高档，越能营造华丽的视觉印象。因此，华丽氛围的配色应以单色配色或双色配色为主，配色类型可以是同相型配色、类似型配色（见图5-5）。

（4）营造华丽氛围的注意事项

浓色调的华丽空间要注意适当添加高明度色进行空间的提亮处理，否则会让空间过于昏暗、浓重。具体方法包括在深色的家具上添加金色或银色的镶边或描边，运用高明度色的软装饰品进行空间整体明度的调节，运用高光泽度的金属或玻璃、镜面等材质对光线进行发射营造流光溢彩的华丽氛围（见图5-6）。

华丽的空间氛围比较受中年人欢迎，能体现中年人成熟优雅、注重品位的特点。

5.1.2 高雅氛围的空间配色

（1）体现高雅氛围的色彩

说到高雅，我们首先想到的就是中性的紫色系，这类色彩能营造高雅、浪漫的空间氛围，是最能代表雅致的色彩（见图5-7）。此外，高雅的色彩也应该是那些让人看起来就觉得柔和、干净的色彩，如冷色系的蓝色、青色、蓝紫色等，这些色彩传达的高雅感更具有清新、幽雅的视觉效果（见图5-8）。无彩色系的白色以及灰色也是体现雅致氛围的理想色彩（见图5-9）。还有一些接近无彩色系，如浅茶色、米色、乳白色

图5-4 华丽氛围的配色——浓色调

图5-5 华丽氛围的配色——同相型配色

图5-6 华丽氛围的配色——材质调节

图5-7 高雅氛围的配色——紫色系

图5-8 高雅氛围的配色——冷色系

图5-9 高雅氛围的配色——无彩色系

图5-10　高雅氛围的配色——乳白色

图5-11　高雅氛围的配色——弱色调

图5-12　高雅氛围的配色——同相型配色

图5-13　高雅氛围的配色——类似型配色

图5-14　高雅氛围的配色——材质效果

图5-15　古典氛围的配色——茶色系

等，都是表现高雅空间氛围的理想色彩（见图5-10）。

（2）体现高雅氛围的色调

色彩是否能体现雅致的视觉效果，和色彩的纯度、明度都有关联。色彩纯度越低雅致感越强，反之雅致感消失；色彩明度越低越朴素，其雅致感越弱。综上所述，通常淡色调、弱色调、苍白色调、淡弱色调都能够表现雅致的配色印象（见图5-11）。

（3）体现高雅氛围的配色类型

与色彩体现雅致感的原理一样，能体现雅致氛围的配色类型首先也要能给人平静、理性的感受，我们知道同相型配色最能产生稳重、平静的配色效果，因此同相型配色也是最能体现雅致氛围的配色类型（见图5-12）。选用冷色或粉紫色系的类似型配色，也能很好地营造雅致的空间氛围（见图5-13）。

（4）营造高雅氛围的注意事项

在空间中适当使用金属或玻璃、镜面等材质能增添空间精致、高雅的印象，比如墙面或家具上的金属色装饰线脚、镶边、描线，背景墙镜面装饰或镜面材质的家具，玻璃材质的家具、吊灯或其他软装产品，金属材质的餐具、装饰品（见图5-14）。

高雅的空间氛围比较受老年、中年、青年（尤其是女性）的喜好，能体现使用者高尚的品位和优雅的气质。

5.1.3　古典氛围的空间配色

（1）体现古典氛围的色彩

古典氛围经历了历史长河的洗练，具有传统、厚重的韵味。温暖而厚重的暖色系给人沉静与安稳的感觉，具有怀旧和传统的氛围，其中具有代表性的古典氛围配色包括明度和纯度较低的茶色系、褐色系以及红色系（见图5-15）；与暖色相

图5-16　古典氛围的配色——墨绿色

图5-17　古典氛围的配色——深蓝色

图5-18　古典氛围的配色——浓色调

邻的中性色如墨绿色、绛紫色等也能体现古典感（见图5-16）；低明度的蓝色同样能营造具有典雅气质的氛围（见图5-17）。

（2）体现古典氛围的色调

古典氛围的色彩通常是明度较低的色彩，受纯度的影响不大。能体现古典氛围的色调主要有具有厚重感的浓色调、具有古朴感的钝色调、具有古旧感的暗色调和具有沧桑感的涩色调及黑暗色调（见图5-18至图5-20）。

（3）体现古典氛围的配色类型

能体现古典感的配色主要靠色彩的色调营造氛围，在配色类型上只要保证色彩数量不超过三种，避免造成混乱感削弱古典的视觉感受即可，也就是说，任何形式的单色配色和双色配色都可以应用于古典氛围的配色中，只要色调运用准确，都能营造出古典氛围（见图5-21）。

（4）营造古典氛围的注意事项

古典氛围的空间色调明度低，在配色时要注意适当加入高明度色进行调节，避免产生压抑、刻板的感觉；尽量少使用金属、玻璃、塑料等光泽度较高的材质进行装饰，以免破坏古朴典雅的氛围，色彩淳朴的自然材质更适合营造古典氛围的空间（见图5-22）。

古典的空间氛围比较适合中年和老年男性，有利于体现他们沉稳、儒雅的个性和深厚的文化内涵。

图5-19　古典氛围的配色——钝色调

图5-20　古典氛围的配色——暗调

图5-21　古典氛围的配色——准对决型配色

图5-22　古典氛围的配色——材质效果

5.1.4　庄严氛围的空间配色

（1）体现庄严氛围的色彩

庄严的空间氛围给人庄重、正式的印象，营造庄严的氛围通常采用深暖色，如深棕色系、土黄色系、木色系等，能体现空间沉稳、庄严的气质（见图5-23）。也可运用黑、灰等无彩色进行表现，在庄严的基础上增添时尚之感（见图5-24）。运用深冷色系则更有利于营造理性、睿智的庄严感。切忌使用艳丽的暖色破坏空间严肃、庄重之感（见图5-25）。

（2）体现庄严氛围的色调

庄严的色彩一方面要体现出浓郁感，另一方面则要体现重量感，主要靠降低色彩的明度。因此，将色彩的明度降低到一定程度，就能体现庄严感，比如浓色调、钝色调、暗色调和黑暗色调（见图5-26）。

（3）体现庄严氛围的配色类型

庄严的色彩搭配尽量选择同相型或类似型配色，色彩数量过多或色彩差距大都会产生热闹、愉悦的感受，破坏空间的庄严氛围（见图5-27）。

（4）营造庄严氛围的注意事项

庄严的空间氛围适合面积较大、采光较好的空间，比较适用于中年和老年男性的空间。此外，一些较为正式的空间如宴会厅、书房等也适合营造庄严的氛围（见图5-28），应避免使用高纯度、高光泽度的点缀色，以免破坏空间的庄严感。

图5-23　庄严氛围的配色——深棕色

图5-24　庄严氛围的配色——无彩色系

图5-25　庄严氛围的配色——冷色系

图5-26　庄严氛围的配色——浓色调

图5-27　庄严氛围的配色——同相型配色

图5-28　庄严氛围的配色——书房

任务实施

（1）布置学习任务

明确学习任务的内容、目标、要求，特别是学习性工作任务的内容、目标、要求及完成学习性工作任务所需要掌握的理论知识、方法、途径和步骤，明确可利用的资源，要求学生课前按思考与复习要求完成知识储备部分内容的预习。

（2）理论知识引导学习

采用教师主导、学生为主体、理论与实践相结合的教学方法完成知识储备部分理论知识的学习。

（3）制定高档次空间氛围的配色方案并表现

根据氛围要求制定高档次空间氛围的初步配色方案，找出适合的色彩、色调和配色类型，确定空间配色的四角色；准备未填充色彩的室内效果图，按配色方案填充色彩；将配色效果图制作成演示文稿并撰写设计说明。

（4）方案汇报

每组派1~2名同学进行方案的展示和讲解，师生共同提出优点及修改意见。

（5）方案的修改与提交

经过对方案的二次修改完善后进行配色方案的提交。

总结评价

学生完成学习任务后，教师根据学生对知识的掌握情况、完成作业的准确情况和学习态度进行评价，肯定优点的同时提出改进意见。

思考与复习

1. 空间氛围的影响因素有哪些?
2. 空间配色与营造空间氛围有什么关系?
3. 运用配色营造华丽空间氛围的具体方法是什么?
4. 运用配色营造高雅空间氛围的具体方法是什么?
5. 运用配色营造古典空间氛围的具体方法是什么?
6. 运用配色营造庄严空间氛围的具体方法是什么?

巩固训练

总结营造华丽、高雅、古典、庄严的空间氛围的方法有哪些。

5.2　制定有情调空间氛围的配色方案

工作任务

任务目标

通过学习了解空间配色与空间氛围营造的关系，明确营造有情调空间氛围的基本方法，包括营造有情调空间氛围运用的色彩、色调、配色类型等具体内容。能够根据所学内容准确地进行有情调空间氛围的配色方案设计，并能独立完成设计方案的配色分析、方案表达和配色设计说明。

任务描述

本任务通过知识储备部分内容的学习，完成学习性工作任务——有情调空间氛围的配色方案制作。首先分析有情调空间氛围所运用的配色方法，从而确定配色方案所采用的色彩、色调及配色类型，绘制配色效果图进行展现，并撰写配色方案设计分析和说明，最终形成一套完整的有情调空间氛围的配色设计方案，以演示文稿的形式进行体现。

工作情景

工作地点：多媒体教室。

工作场景：学生在教师指导下分析案例图片的配色方法并试着进行配色方案的编写，拟定空间的色彩、色调、配色类型、四角色等具体内容后，小组内进行可行性论证，确定方案后按照配色方案完成配色效果图的绘制；根据有情调空间氛围以效果图展示为主、文字分析说明为辅的形式形成配色整体方案的演示文稿；每组派1~2名同学进行方案的展示和讲解，师生共同提出优点及修改意见，经过对方案的二次修改完善后进行配色方案的提交。

知识储备

5.2.1　浪漫氛围的空间配色

（1）体现浪漫氛围的色彩

浪漫是一种充满幻想、美好感觉的氛围。营造浪漫空间氛围的色彩也应该是给人美好视觉印象的梦幻的色彩，如粉色、紫色、红色、蓝色等。

粉色营造浪漫甜美的氛围，可搭配黄色或绿色增添活跃感（见图5-29）；紫色营造浪漫、雅致的效果，搭配白色可使配色更加柔和（见图5-30）；紫红、红色艳丽活泼，给人浪漫、激情的感受（见图5-31）；蓝色则给人纯净透明的感觉，如童话里的水晶城堡或冰雪王宫（见图5-32）。

（2）体现浪漫氛围的色调

红色、紫红色、紫色本身就具有浪漫的特质，因此即使采用高纯度的色调也不会影响其浪漫的色彩感

图5-29 浪漫氛围的配色——粉色系

图5-30 浪漫氛围的配色——紫色系

图5-31 浪漫氛围的配色——红色系

图5-32 浪漫氛围的配色——蓝色系

受。其他色彩则要通过保持淡雅、柔和色调才能够表现浪漫的氛围。通常，在色相相同的情况下，色彩的纯度越高浪漫的感觉越轻，色彩的明度越低，越感觉不到浪漫。因此，表现浪漫时以高明度的明色调、淡色调最为适合（见图5-33）。

（3）体现浪漫氛围的配色类型

浪漫的配色效果主要受色彩及色调控制，色彩数量过多会影响浪漫氛围的表现，因此，只要选择适合的色彩和色调，采用同相型或类似型的配色最有利于营造浪漫的空间环境（见图5-34）。

（4）营造浪漫氛围的注意事项

浪漫的空间氛围依靠淡雅的色调，过于浓郁、厚重的色彩都不适合用来表现浪漫感。工业化的黑色和冷灰色也不宜大面积使用，会破坏浪漫的氛围，让空间看起来过于现代、理性，让人感觉冷漠。

5.2.2 可爱氛围的空间配色

（1）体现可爱氛围的色彩

可爱的空间氛围可用色彩非常丰富，基本上所有的色彩都可以用。暖色愉悦活泼，能体现甜美的氛围（见图5-35），冷色健康、清爽，适合营造梦幻感的空间（见图5-36），只需要根据喜好进行合理选择和搭配即可。

图5-33 浪漫氛围的配色——淡色调配色

图5-34 浪漫氛围的配色——同相型配色

图5-35 可爱氛围的配色——暖色系

图5-36 可爱氛围的配色——冷色系

图5-37　可爱氛围的配色——强色调

图5-38　可爱氛围的配色——明色调

图5-39　可爱氛围的配色——淡色调

图5-40　可爱氛围的配色——单色相型配色

（2）体现可爱氛围的色调

色彩的纯度越高越活泼、健康，色彩的明度越高越具有梦幻感，色彩纯度和明度降低，可爱的感觉则随之消失，因此，高纯度或高明度的色彩都能体现可爱的空间氛围。强色调让人感觉活泼（见图5-37），明色调让人感觉健康（见图5-38），淡色调让人感觉梦幻（见图5-39），以上三种色调都能很好地体现可爱的空间氛围。

（3）体现可爱氛围的配色类型

可爱氛围的配色色彩数量和配色类型可以不受任何限制，从单色相型配色（见图5-40）到多色相型配色（见图5-41）都能营造可爱的配色效果，只是不同配色类型所营造的可爱氛围略有差异，可根据喜好进行灵活配置。

（4）营造可爱氛围的注意事项

可爱的空间氛围适用于儿童房、少年房和青年女性空间。尽量避免使用色彩清淡、朴素自然的材质，而多采用色彩纯度高、光泽度好的人造材质。空间运用多色相配色时要保证色调的统一和色彩的均衡，避免出现混乱的配色效果（见图5-42）。

5.2.3　温馨氛围的空间配色

（1）体现温馨氛围的色彩

营造温馨氛围首先要考虑使用浅暖色营造温暖的意向，如浅米白色、浅黄色、浅原木色等，此类色彩淡雅，不厚重，能够营造出温暖、放松的色彩印象。温馨的空间氛围避免大面积运用冷色和低明度色，冷色与温馨的氛围背道而驰，运用冷色会降低空间的温馨感（见图5-43）。

（2）体现温馨氛围的色调

温馨的色调以高明度的淡色调、弱

图5-41　可爱氛围的配色——多色相型配色

图5-42　可爱氛围的配色——材质的效果

图5-43　温馨氛围的配色——浅暖色系

图5-44　温馨氛围的配色——弱色调

图5-45　温馨氛围的配色——类似型配色

图5-46　温馨氛围的配色——冷色点缀

图5-47　清新氛围的配色——浅冷色系

图5-48　清新氛围的配色——中性紫色

图5-49　清新氛围的配色——白色、浅灰色系

色调为主（见图5-44）。色彩纯度过高会产生强烈的感觉，与温馨氛围柔和、温暖的感觉不符；低明度色给人感觉沉重、压抑，让人无法放松，也会破坏空间温馨的氛围。

（3）体现温馨氛围的配色类型

温馨氛围的空间配色以同相型配色最为适合，同相型、类似型配色都能营造安稳、沉静的效果，且都能保持所有色彩在暖色范围内，与温馨的氛围相符（见图5-45）。

（4）营造温馨氛围的注意事项

温馨的空间氛围适用于朝向东、北较为阴冷的空间；中年人、老年人及三代同堂的家庭较为喜爱此空间氛围。色彩以暖色为主，可考虑适当搭配冷色进行点缀，以活跃空间，但要注意控制冷色的面积不能过大，色彩的色调保持在淡色调、弱色调的状态较为合适（见图5-46）。

5.2.4　清新氛围的空间配色

（1）体现清新氛围的色彩

清新的空间氛围给人清爽、舒适的印象，通常以浅冷色系为主色，如淡蓝色、青色（见图5-47），或运用中性的浅绿、淡紫、浅灰、白色，都能够营造出清爽怡人的效果（见图5-48和图5-49）。避免空间出现大面积的暖色，尤其是浓郁的暖色，以免破坏清新、舒爽的空间氛围。

（2）体现清新氛围的色调

越是接近白色的高明度色彩越能体

图5-50　温馨氛围的配色——淡弱调

图5-51　清新氛围的配色——同相型配色

图5-52　清新氛围的配色——避免单调

现清新的视觉效果，如淡色调、苍白色调和淡弱色调，都能营造轻柔、舒爽、透明的配色效果。色彩纯度越低，清爽的感觉越强烈；注意保持色彩的明度，低明度的冷色虽然也能产生冷的效果，但重量感太强会让人感觉压抑，无法放松（见图5-50）。

（3）体现清新氛围的配色类型

清爽的配色主要以冷色系的配色为特点，因此要保证色彩控制在冷色系的范围内，配色类型就只可能出现同相型或类似型配色。色彩对比度低，也更有利于营造柔和、舒适的氛围（见图5-51）。

（4）营造清新氛围的注意事项

清新的空间氛围适用于朝向西、南较为炎热的空间，通常比较受青少年欢迎。色彩和色调都较为单一，容易出现单调、乏味的配色效果，可考虑加入面积较大的白色或浅灰色，增强色彩对比的同时，又不会破坏空间清爽、惬意的配色效果（见图5-52）。

任务实施

（1）布置学习任务

明确学习任务的内容、目标、要求，特别是学习性工作任务的内容、目标、要求及完成学习性工作任务所需要掌握的理论知识、方法、途径和步骤，明确可利用的资源，要求学生课前按思考与复习要求完成知识储备部分内容的预习。

（2）理论知识引导学习

采用教师主导、学生为主体、理论与实践相结合的教学方法完成知识储备部分理论知识的学习。

（3）制定有情调空间氛围的配色方案并表现

根据氛围要求制定有情调空间氛围的初步配色方案，找出适合的色彩、色调和配色类型，确定空间配色的四角色；准备未填充色彩的室内效果图，按配色方案填充色彩；将配色效果图制作成演示文稿并撰写设计说明。

（4）方案汇报

每组派1~2名同学进行方案的展示和讲解，师生共同提出优点及修改意见。

（5）方案的修改与提交

经过对方案的二次修改完善后进行配色方案的提交。

总结评价

学生完成学习任务后，教师根据学生对知识的掌握情况、完成作业的准确情况和学习态度进行评价，肯定优点的同时提出改进意见。

思考与复习

1. 有情调空间氛围具体包括哪些氛围?
2. 运用配色营造浪漫空间氛围的具体方法是什么?
3. 运用配色营造可爱空间氛围的具体方法是什么?
4. 运用配色营造温馨空间氛围的具体方法是什么?
5. 运用配色营造清新空间氛围的具体方法是什么?

巩固训练

总结营造浪漫、可爱、温馨、清新的空间氛围的方法有哪些。

5.3 制定自然感空间氛围的配色方案

工作任务

任务目标

通过学习了解空间配色与空间氛围营造的关系，明确营造自然感空间氛围的基本方法，包括营造自然感空间氛围运用的色彩、色调、配色类型等具体内容。能够根据所学内容准确地进行自然感空间氛围的配色方案设计，并能独立完成设计方案的配色分析、方案表达和配色设计说明。

任务描述

本任务通过知识储备部分内容的学习，完成学习性工作任务——自然感空间氛围的配色方案制作。首先分析自然感空间氛围所运用的配色方法，从而确定配色方案的所采用的色彩、色调及配色类型，绘制配色效果图进行展现，并撰写配色方案设计分析和说明，最终形成一套完整的自然感空间氛围的配色设计方案，以演示文稿的形式进行体现。

工作情景

工作地点：多媒体教室。

工作场景：学生在教师指导下分析案例图片的配色方法，并试着进行配色方案的编写，拟定空间的色彩、色调、配色类型、四角色等具体内容后，小组内进行可行性论证，确定方案后按照配色方案完成配色效果图的绘制；根据自然感空间氛围以效果图展示为主、文字分析说明为辅的形式形成配色整体方案的演示文稿；每组派1~2名同学进行方案的展示和讲解，师生共同提出优点及修改意见，经过对方案的二次修改完善后进行配色方案的提交。

知识储备

5.3.1　自然氛围的空间配色

（1）体现自然氛围的色彩

自然氛围的空间给人温和、朴素的印象，空间中的色彩包括棕色、土黄、赭石等泥土的色彩，以及绿色、黄绿色等植物的色彩。自然氛围配色可采用高纯度的红、橙、黄等作为点缀色，提升配色的活跃效果（见图5-53）。

（2）体现自然氛围的色调

自然印象的色彩、色调、纯度和明度都比较适中，纯度过高产生较强的人造感，纯度过低则缺乏自然活力，明度过高容易让人感觉虚幻，明度过低则感觉沉重压抑。因此，弱色调、钝色调、淡弱色调、涩色调都比较适合表现自然氛围（见图5-54）。

（3）体现自然氛围的配色类型

自然氛围的配色类型以同相型和类似型配色为主，通常以黄、绿两个色系为主，其他色彩多数只作为点缀色出现（见图5-55）。

（4）营造自然氛围的注意事项

自然氛围的空间能给人身体与心理的抚慰，适合追求田园意境或向往自然的中老年人，也可用于茶室等休闲空间。装饰上也要以自然材料为主，尽量保留自身的材质和色彩，避免大面积使用金属、塑料、玻璃

图5-53　自然氛围的配色——黄、绿色系

图5-54　自然氛围的配色——钝色调

图5-55　自然氛围的配色——类似型配色

等表面光滑、高光泽度的人工材质；尽量采用自然采光，更能营造自然的空间氛围（见图5-56）。

图5-56　自然氛围的配色——自然材质、采光

5.3.2　休闲氛围的空间配色

（1）体现休闲氛围的色彩

休闲氛围的空间给人感觉轻松、愉悦，让人身心放松。休闲感的配色以暖色系为中心，包含其他各种色彩，营造热烈、开放、活跃的空间氛围（见图5-57）；以冷色系为中心，包含其他各种色彩的空间，在休闲氛围的基础上增添了清爽自然之感，让人感觉舒适惬意（见图5-58）。

（2）体现休闲氛围的色调

休闲氛围的空间配色通常选用高纯度或高明度色彩进行搭配，以强色调、明色调或淡色调为主要色调，更有利于营造休闲、放松的空间氛围（见图5-59）。

（3）体现休闲氛围的配色类型

休闲氛围的配色要求色彩数量要足够丰富、色彩对比要足够强烈，因此，准对决型配色、对决型配色、三角型配色、四角型配色以及全相型配色都可以应用于休闲氛围的空间。在应用的同时也要注意色调的控制，建议色调控制在两种以内，保证配色效果和谐（见图5-60和图5-61）。

图5-57　休闲氛围的配色——暖色系为中心的配色

（4）营造休闲氛围的注意事项

休闲氛围的空间比较适合青年以及较为热爱生活的中年人士，能体现其热爱生活、乐观随行的生活态度。休闲、活力的氛围主要依靠明亮的暖色为主色来营造，加入冷色系作为调节，可以提升配色的张力。但若以冷色系或者暗沉的暖色系为主色，则会失去活力和休闲的氛围。材质的运用倾向于给人感觉比较温暖、柔软的木材、布艺等，坚硬、冰冷的材质不利于表现休闲感（见图5-62）。

5.3.3　朴素氛围的空间配色

（1）体现朴素氛围的色彩

朴素并不是指没有经过任何设计装饰的原始状态，它是一种还原自然的创造。在配色上常以黄色系为主色，黄绿、黄、橙黄等色彩都能营造出朴素的空间氛围。常见的朴素氛围的色彩包括茶色系、大地色系、黄绿色系等（见图5-63）。

图5-58　休闲氛围的配色——浅冷色系为中心的配色

图5-59　休闲氛围的配色——强色调

图5-60　休闲氛围的配色——对决型配色

图5-61　休闲氛围的配色——三角型配色

图5-62　休闲氛围的配色——材质效果

图5-63　朴素氛围的配色——茶色系

（2）体现朴素氛围的色调

色彩的纯度越高感觉越华丽，色彩纯度越低则感觉越朴素；色彩的明度中等偏低更能产生朴素的印象。因此，朴素氛围的色调应该同时具备低纯度和低明度，即涩色调和暗色调（见图5-64）。

（3）体现朴素氛围的配色类型

朴素的配色色彩数量不宜过多，色彩越多、差距越大给人感觉越热闹、华丽。因此，朴素氛围的配色色彩数量不宜超过三种，配色类型保持在同相型或类似型配色较为理想（见图5-65）。

（4）营造朴素氛围的注意事项

朴素氛围的空间适合向往“世外桃源”般的生活意境，低调、沉稳、喜欢安静的中老年人。朴素氛围在配色上和配色印象方面都和自然氛围比较接近，材料的选择及光线的运用原理也是一致的。区别在于自然氛围可以有花红柳绿的点缀色，营造活跃的自然氛围，而朴素的空间氛围追求的是田园的意境美，材料及配色更趋向于平淡、质朴（见图5-66）。

图5-64　朴素氛围的配色——涩色调

图5-65　朴素氛围的配色——类似型配色

5.3.4 沉静氛围的空间配色

（1）体现沉静氛围的色彩

浅冷色系最能营造沉静的空间氛围（见图5-67）；此外，浅暖色系也能营造宁静、温馨的效果（见图5-68）；加入大面积的白色或单独以白色、浅灰色为主色调，都能让空间产生沉静、安稳的空间氛围（见图5-69）。

（2）体现沉静氛围的色调

色彩的纯度越高感觉越热闹、嘈杂，色彩的明度越低感觉越厚重。因此，表现沉静的空间氛围，色调应采用低纯度、高明度的淡色调、弱色调、苍白色调和淡弱色调，避免使用高纯度的点缀色，以免破坏沉静的空间氛围（见图5-70）。

（3）体现沉静氛围的配色类型

沉静的配色效果也要保证色彩的数量不能过多，色彩的差距也要保持在类似型搭配的范围内，因此，同相型和类似型配色最为适合营造沉静的配色效果（见图5-71）。

图5-66 朴素氛围的配色——配色效果平淡、质朴

图5-67 沉静氛围的配色——浅冷色系

图5-68 沉静氛围的配色——浅暖色系

图5-69 沉静氛围的配色——灰、白色系

图5-70 沉静氛围的配色——弱色调

图5-71 沉静氛围的配色——同相型配色

（4）营造沉静氛围的注意事项

沉静氛围的空间适合经过生活洗礼的中老年女性，追求淡然、超脱的生活态度。尽量不用与主体色反差特别大的色彩做点缀色，以免破坏空间沉静的氛围。点缀色可选择主体色的同类色或类似色，材料的选择避免华丽的、鲜艳的、现代感的材质（见图5-72）。

图5-72 沉静氛围的配色——避免对比

任务实施

（1）布置学习任务

明确学习任务的内容、目标、要求，特别是学习性工作任务的内容、目标、要求及完成学习性工作任务所需要掌握的理论知识、方法、途径和步骤，明确可利用的资源，要求学生课前按思考与复习要求完成知识储备部分内容的预习。

（2）理论知识引导学习

采用教师主导、学生为主体、理论与实践相结合的教学方法完成知识储备部分理论知识的学习。

（3）制定高档次空间氛围的配色方案并表现

根据氛围要求制定高档次空间氛围的初步配色方案，找出适合的色彩、色调和配色类型，确定空间配色的四角色；准备未填充色彩的室内效果图，按配色方案填充色彩；将配色效果图制作成演示文稿并撰写设计说明。

（4）方案汇报

每组派1~2名同学进行方案的展示和讲解，师生共同提出优点及修改意见。

（5）方案的修改与提交

经过对方案的二次修改完善后进行配色方案的提交。

总结评价

学生完成学习任务后，教师根据学生对知识的掌握情况、完成作业的准确情况和学习态度进行评价，肯定优点的同时提出改进意见。

思考与复习

1. 自然感空间包括哪几种氛围？

2. 运用配色营造自然空间氛围的具体方法是什么？
3. 运用配色营造休闲空间氛围的具体方法是什么？
4. 运用配色营造朴素空间氛围的具体方法是什么？
5. 运用配色营造沉静空间氛围的具体方法是什么？

巩固训练

总结营造自然、休闲、朴素、沉静空间氛围的方法有哪些。

5.4 制定都市空间氛围的配色方案

工作任务

任务目标

通过学习了解空间配色与空间氛围营造的关系，明确营造都市感空间氛围的基本方法，包括营造都市感空间氛围运用的色彩、色调、配色类型等具体内容。能够根据所学内容准确地进行都市感空间氛围的配色方案设计，并能独立完成设计方案的配色分析、方案表达和配色设计说明。

任务描述

本任务通过知识储备部分内容的学习，完成学习性工作任务——都市感空间氛围的配色方案制作。首先分析不同空间氛围所运用的配色方法，从而确定配色方案的所采用的色彩、色调及配色类型，绘制配色效果图进行展现，并撰写配色方案设计分析和说明，最终形成一套完整的不同空间氛围的配色设计方案，以演示文稿的形式进行体现。

工作情景

工作地点：多媒体教室。

工作场景：学生在教师指导下分析案例图片的配色方法并试着进行配色方案的编写，拟定空间的色彩、色调、配色类型、四角色等具体内容后，小组内进行可行性论证，确定方案后按照配色方案完成配色效果图的绘制；根据都市感空间氛围以效果图展示为主、文字分析说明为辅的形式形成配色整体方案的演示文稿；每组派1~2名同学进行方案的展示和讲解，师生共同提出优点及修改意见，经过对方案的二次修改完善后进行配色方案的提交。

知识储备

5.4.1　时尚氛围的空间配色

（1）体现时尚氛围的色彩

时尚现代的空间主要依赖于无彩色系黑色、白色和灰色搭配的配色印象，也是最为经典的色彩搭配。为避免空间氛围过于单调，可以适当使用点缀色进行装饰（见图5-73）。此外，高纯度的色彩也能营造较强的人工性和时尚感，若将高纯度色和无彩色系的任一种色彩搭配，也能得到具有色彩倾向性的时尚效果。如在无彩色系中加入高纯度的冷色，能得到时尚、干练的配色效果（见图5-74），加入高纯度的暖色则产生激情、时尚的配色效果（见图5-75）；茶色系配色也能产生坚实、厚重的都市氛围（见图5-76）。

（2）体现时尚氛围的色调

体现时尚感的色彩通常比较极端，要么色彩纯度超高，如锐色调、强色调（见图5-77），要么色彩纯度超低，如苍白色调、淡弱色调、涩色调和黑暗色调（见图5-78）。

（3）体现时尚氛围的配色类型

同相型配色最能体现执着感和时尚感，其次是类似型配色（见图5-79），对决型配色在空间配色中并不常使用，是因为色彩间的强烈冲突不容易驾驭，但对决型配色也是能产生时尚感的配色方法之一（见图5-80）。此外，多相型配色虽然色彩丰富、华丽，但只要色调适合也不影响时尚感的体现（见图5-81）。

图5-73　时尚氛围的配色——黑+白

图5-74　时尚氛围的配色——高纯度冷色+灰

图5-75　时尚氛围的配色——高纯度暖色+黑色

图5-76　时尚氛围的配色——茶色

图5-77　时尚氛围的配色——强色调

图5-78　时尚氛围的配色——淡弱色调

图5-79　时尚氛围的配色——同相型配色

图5-80　时尚氛围的配色——对决型配色

（4）营造时尚氛围的注意事项

高纯度色、金属色及无彩色系都能产生强烈的都市感，但运用的时候要注意控制好面积比例关系，高纯度色、深灰色或黑色等比较“强势”的色彩都不建议大面积使用，以免空间色彩过于激烈或暗沉，影响配色的整体效果（见图5-82）。

图5-81 时尚氛围的配色——三角型配色

图5-82 时尚氛围的配色——强势色彩注意面积的控制

图5-83 激情氛围的配色——红色

图5-84 激情氛围的配色——强色调

图5-85 激情氛围的配色——对决型配色

图5-86 激情氛围的配色——三角型配色

时尚氛围的配色非常受青年人欢迎，由于配色效果缺乏活泼和温馨的感觉，儿童、少年、中年及老年人通常很难接受。

5.4.2 激情氛围的空间配色

（1）体现激情氛围的色彩

通常来说，具有热烈感的色彩能够体现激情澎湃的视觉效果，如高纯度的红色、橙色、黄色，都让人觉得热烈而富有激情（见图5-83）。用这些颜色搭配无彩色系，能降低高纯度色彩带来的极端、燥热之感，多种高纯度色彩的搭配也能产生激情、热闹的氛围。

（2）体现激情氛围的色调

体现激情氛围的色调首先要有极强的视觉冲击力，其次是让人感觉愉悦、兴奋，这就需要色彩具有很高的纯度和适中的明度，要求色调为锐色调或强色调，也只有锐色调或强色调的色彩才能营造出充满激情的空间氛围（见图5-84）。

（3）体现激情氛围的配色类型

激情氛围的空间配色可采用同相型配色，也可采用类似型配色。运用准对决型、对决型配色，在暖色的基础上搭配中性色或冷色，也能营造出激情的氛围（见图5-85）。此外，三角型、四角型和全相型的配色方式，只要保证色彩纯度够高，一样可以营造出激情的视觉感受（见图5-86）。

（4）营造激情氛围的注意事项

激情氛围的空间要注意以暖色为主，尽量少运用冷色或控制好冷色的面积，以免削弱激情的感觉。同时运用三种以上色彩时，要注意色彩之间的平衡关系，也只有色彩对比势均力敌，才能给人激情不减的感受（见图5-87）。

图5-87　激情氛围的配色——控制冷色的面积避免抵消激情的配色印象

图5-88　诱惑氛围的配色-高纯度暖色

激情的空间氛围适合青年人，但通常不会作为卧室等需要安静、放松的空间，以免破坏卧室等空间的功能氛围。激情的空间氛围通常用于厨房、餐厅、客厅等功能空间或带有娱乐性质的空间；激情的空间氛围不适合应用于面积较小的空间。

5.4.3　诱惑氛围的空间配色

（1）体现诱惑氛围的色彩

通常来说，具有热烈感的色彩能够起到促进食欲的作用，如高纯度的红色、橙色、黄色能够鼓励人进食，用这些颜色搭配白色可以增加明快感，让用餐过程有更强的满足感和快感（见图5-88）。

（2）体现诱惑氛围的色调

诱惑氛围的营造也要依靠色彩的锐色调或强色调进行表现，也只有运用这种强力的色调才能让配色方案更能体现诱惑力（见图5-89）。

（3）体现诱惑氛围的配色类型

体现诱惑的氛围主要依靠色彩的印象，因此最好采用同相型或类似型配色，保证色彩印象不被干扰和破坏（见图5-90）。

（4）营造诱惑氛围的注意事项

这里所指的诱惑是指色彩对人的一种吸引力，比如食物，通常我们认为暖色系的食物看起来更美味，更能勾起人们的食欲。诱惑氛围比较适合餐厅、厨房等场所，能够刺激人的食欲，让人更有用餐的冲动（见图5-91）。

诱惑氛围要应用于面积较大或与客厅相连的餐厅，同时也要考虑客户是否有此方面的需求，如客户不希望总是食欲太好，则要避免在餐厅区域大面积使用这种诱惑的色彩。

图5-89　诱惑氛围的配色——高纯度暖色

图5-90　诱惑氛围的配色——类似型配色

图5-91　诱惑氛围的配色——厨房

5.4.4 愉悦氛围的空间配色

（1）体现愉悦氛围的色彩

愉悦的空间氛围对色彩色相的要求并不高，所有光谱色的搭配都能营造出愉悦的空间氛围，色彩的数量越多愉悦感越强（见图5-92）。

（2）体现愉悦氛围的色调

愉悦感的产生还受色彩纯度的影响，纯度越高愉悦感越强，因此，锐色调和强色调都能表现愉悦的氛围（见图5-93）。明色调配色在愉悦的基础上更增添了明媚、单纯的感受（见图5-94），浓色调配色则营造出浓郁的节日氛围（见图5-95）。

（3）体现愉悦氛围的配色类型

色彩对比较强的配色能够营造愉悦的空间氛围。在双色配色中，准对决型配色和对决型配色相对更容易营造活跃的空间氛围，但配色要尽量将两种色彩不断地交错穿插，营造愉悦感和运动感（见图5-96）。色彩的数量越多，愉悦感就越强，因此多色相型的配色更适合营造愉悦的空间氛围（见图5-97）。为避免混乱，配色时要注意色彩的有序搭配，可考虑运用无彩色系作为色彩之间的过渡，舒缓色彩之间的强烈冲突。

（4）营造愉悦氛围的注意事项

愉悦氛围的空间适合青少年或是家庭里的公共区域，如餐厅、客厅。愉悦氛围的空间在色彩上对比较大，在材料的选用上就要尽量避免过多、过杂，以免给人生拼硬凑的感觉。装饰材料可选用表面光滑的材质，增强配色的华丽感和时尚感（见图5-98）。

图5-92 愉悦氛围的配色——多种色彩搭配

图5-93 愉悦氛围的配色——强色调

图5-94 愉悦氛围的配色——明色调

图5-95 愉悦氛围的配色——浓色调

图5-96 愉悦氛围的配色——准对决型配色

图5-97 愉悦氛围的配色——四角型配色

图5-98 愉悦氛围的配色——材质效果

任务实施

（1）布置学习任务

明确学习任务的内容、目标、要求，特别是学习性工作任务的内容、目标、要求及完成学习性工作任务所需要掌握的理论知识、方法、途径和步骤，明确可利用的资源，要求学生课前按思考与复习要求完成知识储备部分内容的预习。

（2）理论知识引导学习

采用教师主导、学生为主体、理论与实践相结合的教学方法完成知识储备部分理论知识的学习。

（3）制定都市感空间氛围的配色方案并表现

根据氛围要求制定都市感空间氛围的初步配色方案，找出适合的色彩、色调和配色类型，确定空间配色的四角色；准备未填充色彩的室内效果图，按配色方案填充色彩；将配色效果图制作成演示文稿并撰写设计说明。

（4）方案汇报

每组派1~2名同学进行方案的展示和讲解，师生共同提出优点及修改意见。

（5）方案的修改与提交

经过对方案的二次修改完善后进行配色方案的提交。

总结评价

学生完成学习任务后，教师根据学生对知识的掌握情况、完成作业的准确情况和学习态度进行评价，肯定优点的同时提出改进意见。

思考与复习

1. 都市感空间包括哪几种氛围?
2. 运用配色营造时尚空间氛围的具体方法是什么?
3. 运用配色营造激情空间氛围的具体方法是什么?
4. 运用配色营造诱惑空间氛围的具体方法是什么?
5. 运用配色营造愉悦空间氛围的具体方法是什么?

巩固训练

总结营造时尚、激情、诱惑、愉悦空间氛围的配色方法有哪些。

项目6

制定空间风格配色方案

知识目标

1 了解空间装饰风格的样式和特点；
2 掌握空间风格和空间配色的关系；
3 掌握欧式风格空间常用的色彩，并掌握运用配色营造欧式风格空间的具体方法；
4 掌握北欧风格空间常用的色彩，并掌握运用配色营造北欧风格空间的具体方法；
5 掌握地中海风格空间常用的色彩，并掌握运用配色营造地中海风格空间的具体方法；
6 掌握美式风格空间常用的色彩，并掌握运用配色营造美式风格空间的具体方法；
7 掌握中式风格空间常用的色彩，并掌握运用配色营造中式风格空间的具体方法；
8 掌握东南亚风格空间常用的色彩，并掌握运用配色营造东南亚风格空间的具体方法；
9 掌握田园风格空间常用的色彩，并掌握运用配色营造田园风格空间的具体方法；
10 掌握现代风格空间常用的色彩，并掌握运用配色营造现代风格空间的具体方法。

技能目标

1 能够通过观察图片分析不同风格空间的色彩及配色特征；
2 能够总结出营造不同风格空间在配色方面的规律和技巧；
3 能够运用色彩、色调及配色方式营造欧式风格的空间；
4 能够运用色彩、色调及配色方式营造北欧风格的空间；
5 能够运用色彩、色调及配色方式营造地中海风格的空间；
6 能够运用色彩、色调及配色方式营造美式风格的空间；
7 能够运用色彩、色调及配色方式营造中式风格的空间；
8 能够运用色彩、色调及配色方式营造东南亚风格的空间；
9 能够运用色彩、色调及配色方式营造田园风格的空间；
10 能够运用色彩、色调及配色方式营造现代风格的空间；
11 能够根据客户对空间风格的要求进行配色，并制作配色方案的演示文稿；
12 能够综合运用专业知识及术语进行方案的演示及讲解。

6.1 制定欧式风格的空间配色方案

工作任务

任务目标

通过学习了解空间配色对营造欧式风格空间的意义和作用；明确欧式风格室内空间常用的色彩有哪些，这些色彩的色调如何，怎样搭配，怎样配置；掌握营造欧式风格空间配色的基本方法，其中包括传统欧式风格、新古典风格等具体内容。能够根据所学内容准确地进行欧式风格空间的配色方案设计，并能独立完成设计方案的配色分析、方案表达和配色设计说明。

任务描述

本任务通过知识准备部分内容的学习，完成学习性工作任务——欧式风格配色方案制作。首先分析欧式风格空间所运用的色彩及配色方法，从而确定配色方案的所采用的色彩、色调及配色类型，绘制配色效果图进行展现，并撰写配色方案设计分析和说明，最终形成一套完整的欧式风格空间的配色设计方案，以演示文稿的形式进行体现。

工作情景

工作地点：多媒体教室。

工作场景：学生在教师指导下分析案例图片的色彩及配色方法并试着进行配色方案的编写，拟定空间的色彩、色调、配色类型、四角色等具体内容后，小组内进行可行性论证，确定方案后按照配色方案完成配色效果图的绘制；根据欧式风格配色的方法以效果图展示为主、文字分析说明为辅的形式形成配色整体方案的演示文稿；每组派1~2名同学进行方案的展示和讲解，师生共同提出优点及修改意见，经过对方案的二次修改完善后进行配色方案的提交。

知识储备

欧式风格，是一种来自于欧洲的建筑及装饰风格，也是欧洲各国文化传统所表达的强烈的文化内涵。按时间脉络可以将欧式风格划分为文艺复兴风格、巴洛克风格、洛可可风格、新古典风格，这些风格也构成了欧式古典风格的主要发展阶段。

6.1.1 欧式风格色彩要素分析

欧式风格配色给人感觉端庄典雅、高贵华丽，其中，新古典风格更是以尊重自然、追求真实、复兴古代的艺术形式为宗旨，造型优雅，具有浓厚的文化气息。

在配色上，不同时期的欧式风格都有比较有代表性的色彩及色彩搭配，如文艺复兴时期的室内空间以白色为主色，装饰金边、金线，以带有图案的壁纸、地毯、窗帘等具有的丰富色彩进行点缀（见图

图6-1 欧式风格配色——文艺复兴风格

图6-2 欧式风格配色——巴洛克风格

图6-3 欧式风格配色——洛可可风格

图6-4 欧式风格配色——新古典风格

6-1)。巴洛克时期的配色常见金色为主色，装饰大面积的壁画，色彩浓郁奢华（见图6-2）。洛可可时期的配色相对鲜艳、娇嫩，除白色、金色外，还有粉红、粉绿等色彩，让空间氛围更精致、活跃（见图6-3）。新古典风格继承和发扬了古典欧式风格材质和色彩的精髓，同时融入更多的新的材质，从而在色彩上变得更加丰富，但整体来看新古典风格的配色仍体现了高雅、奢华的欧式风格色彩印象（见图6-4）。

6.1.2 欧式风格配色方法

（1）欧式风格配色的常用色彩

白色、金色、黄色、暗红色是欧式风格中比较传统的主色（见图6-5）。此外，现代出现的欧式风格也有运用黑色、蓝色、墨绿色、紫色等作为主色，营造具有时尚感的配色形式（见图6-6），搭配金色、银色的边框或线条装饰，让配色效果更显精致、华丽。

（2）欧式风格配色的色调

欧式风格的配色给人感觉高雅、奢华，通常以低纯度的色调为主，明度则没有限制。高明度的淡调、苍白调、弱调、淡弱调营造明快、雅致的配色效果（见图6-7）；低明度的浓调、钝调、涩调、暗调、黑暗调则能营造高档、古典的空间氛围（见图6-8）。

（3）欧式风格配色的类型

欧式风格要体现雅致、复古的配色效果，所以在色彩的数量上不宜超过两种，通常为某一种色彩搭配大面积的白色，构成同相型的配色（见图6-9）。

（4）欧式风格配色的技巧

欧式风格为体现尊贵、奢华、精致的气质，常用金色、银色作为边框、线条及装饰物的色彩。此外，常用水晶、玻璃、镜面等材质作为点缀，增强光线的折射，使空间产生流光溢彩的配色效果。空间内的其他装饰如布艺、画品、装饰品通常呈低纯度色，以免破坏空间雅致的氛围，这也是欧式风格空间十分重要的装饰手段（见图6-10）。

图6-5　欧式风格配色——暗红色

图6-6　欧式风格配色——蓝色

图6-7　欧式风格配色——淡弱调

图6-8　欧式风格配色——文艺复兴风格

图6-9　欧式风格配色——同相型配色

图6-10　欧式风格配色——材质效果

任务实施

（1）布置学习任务

明确学习任务的内容、目标、要求，特别是学习性工作任务的内容、目标、要求及完成学习性工作任务所需要掌握的理论知识、方法、途径和步骤，明确可利用的资源，要求学生课前按思考与复习要求完成知识储备部分内容的预习。

（2）理论知识引导学习

采用教师主导、学生为主体、理论与实践相结合的教学方法完成知识储备部分理论知识的学习。

（3）制定欧式风格空间的配色方案并表现

根据氛围要求制定欧式风格空间的初步配色方案，找出适合的色彩、色调和配色类型，确定空间配色的四角色；准备未填充色彩的室内效果图，按配色方案填充色彩；将配色效果图制作成演示文稿并撰写设计说明。

（4）方案汇报

每组派1~2名同学进行方案的展示和讲解，师生共同提出优点及修改意见。

（5）方案的修改与提交

经过对方案的二次修改完善后进行配色方案的提交。

总结评价

学生完成学习任务后，教师根据学生对知识的掌握情况、完成作业的准确情况和学习态度进行评价，肯定优点的同时提出改进意见。

思考与复习

1. 传统欧式风格在配色方面有哪些特点?
2. 欧式新古典风格在配色方面有哪些特点?
3. 欧式风格空间常用的色彩有哪些?
4. 欧式风格空间配色的色调是什么样的?
5. 欧式风格空间的配色类型有哪些?
6. 欧式风格空间配色需要注意哪些问题?

巩固训练

在网上查找欧式风格室内的图片，从色彩、色调和配色类型的角度分析图片中的配色是否符合欧式风格的配色模式，分析其配色印象，营造了什么样的空间氛围以及适合哪类人群使用。

6.2 制定北欧风格的空间配色方案

工作任务

任务目标

通过学习了解空间配色对营造北欧风格空间的意义和作用；明确北欧风格室内空间常用的色彩有哪些，这些色彩的色调如何，怎样搭配，怎样配置；掌握营造北欧风格空间配色的基本方法。能够根据所学内容准确地进行北欧风格空间的配色方案设计，并能独立完成设计方案的配色分析、方案表达和配色设计说明。

任务描述

本任务通过知识储备部分内容的学习，完成学习性工作任务——北欧风格配色方案制作。首先分析北欧风格空间所运用的色彩及配色方法，从而确定配色方案的所采用的色彩、色调及配色类型，绘制配色效果图进行展现，并撰写配色方案设计分析和说明，最终形成一套完整的北欧风格空间配色设计方案，以演示文稿的形式进行体现。

工作情景

工作地点：多媒体教室。

工作场景：学生在教师指导下分析案例图片的色彩及配色方法并试着进行配色方案的编写，拟定空间的色彩、色调、配色类型、四角色等具体内容后，小组内进行可行性论证，确定方案后按照配色方案完成配色效果图的绘制；根据北欧风格配色的方法以效果图展示为主、文字分析说明为辅的形式形成配色整体方案的演示文稿；每组派1~2名同学进行方案的展示和讲解，师生共同提出优点及修改意见，经过对方案的二次修改完善后进行配色方案的提交。

知识储备

在欧洲北部国家，由于当地气候、环境、政治、经济、文化等各方面的差异，该区域的装饰风格与主流的欧式风格也有一定的差异，我们称之为北欧风格。北欧风格具有简约、自然、人性化的特点，在造型和线条上极其简化，但在色彩的搭配上却旗帜鲜明。

6.2.1　北欧风格色彩要素分析

北欧风格色彩搭配之所以令人印象深刻，是因为它总能获得令人视觉舒服的效果。在色彩上习惯使用低纯度色，比如木材制作的各种家具，它本身所具有的柔和色彩、细密质感以及天然纹理，展现出一种朴素、清新的原始之美。柔和、干净的配色给人干练、明快的视觉感受，同时也是北欧风格独特效果的体现（见图6-11）。

6.2.2　北欧风格配色方法

（1）北欧风格配色的常用色彩

北欧风格常见的主色有白色、黑色、棕色、灰色、浅蓝色、米色、浅木色等，其最有特点的就是黑、白色的使用，给人干净、明朗、无杂乱的效果（见图6-12）。此外，也可以以灰色为主调，朴实有质感的灰色调给人舒适、温馨的感觉（见图6-13）；清爽的蓝色也是北欧风格常见的色彩，通常搭配黄色或点缀暖色的布艺调节蓝色带来的“冷”的感受（见图6-14）。

（2）北欧风格配色的色调

北欧风格在色调上通常采用低纯度的苍白、淡弱、弱调，产生洁净、高档、柔和的视觉效果（见图6-15）。

（3）北欧风格配色的类型

配色类型上，北欧风格更常见同相型或类似型配色，因为配色常以白、灰为主色，色彩过多会破坏北欧风格干净、朴素的风格氛围，因此要保证在配色中除无彩色系外，不要使用超过两种色彩，色彩间也不要有较大的对比（见图6-16）。

图6-11　北欧风格配色——要素分析

图6-12　北欧风格配色——黑色+白色

图6-13　北欧风格配色——灰色

图6-14　北欧风格配色——蓝色+黄色

图6-15　北欧风格配色——淡弱调

图6-16　北欧风格配色——同相型配色

图6-17　北欧风格配色——材质效果

（4）北欧风格配色的技巧

北欧风格常采用自然材质如木、藤等进行装饰，色彩柔和、质朴。布艺方面则偏好粗质的棉、麻材质，其色彩纯度不高，加上比较粗犷的质感，让人感觉亲切；适当添加金属、玻璃、铁艺等进行点缀，注意色彩不要和环境产生太大的对比（见图6-17）。

任务实施

（1）布置学习任务

明确学习任务的内容、目标、要求，特别是学习性工作任务的内容、目标、要求及完成学习性工作任务所需要掌握的理论知识、方法、途径和步骤，明确可利用的资源，要求学生课前按思考与复习要求完成知识储备部分内容的预习。

（2）理论知识引导学习

采用教师主导、学生为主体、理论与实践相结合的教学方法完成知识储备部分理论知识的学习。

（3）制定北欧风格空间的配色方案并表现

根据氛围要求制定北欧风格空间的初步配色方案，找出适合的色彩、色调和配色类型，确定空间配色的四角色；准备未填充色彩的室内效果图，按配色方案填充色彩；将配色效果图制作成演示文稿并撰写设计说明。

（4）方案汇报

每组派1~2名同学进行方案的展示和讲解，师生共同提出优点及修改意见。

（5）方案的修改与提交

经过对方案的二次修改完善后进行配色方案的提交。

总结评价

学生完成学习任务后，教师根据学生对知识的掌握情况、完成作业的准确情况和学习态度进行评价，肯定优点的同时提出改进意见。

思考与复习

1. 北欧风格在配色方面有哪些特点?
2. 北欧风格空间常用的色彩有哪些?
3. 北欧风格空间配色的色调是什么样的?
4. 北欧风格空间的配色类型有哪些?
5. 北欧风格空间配色需要注意哪些问题?

巩固训练

在网上查找北欧风格室内的图片，从色彩、色调和配色类型的角度分析图片中的配色是否符合北欧风格的配色模式，分析其配色印象，营造了什么样的空间氛围以及适合哪类人群使用。

6.3 制定地中海风格的空间配色方案

工作任务

任务目标

通过学习了解空间配色对营造地中海风格空间的意义和作用；明确地中海风格室内空间常用的色彩有哪些，这些色彩的色调如何，怎样搭配，怎样配置；掌握营造地中海风格空间配色的基本方法。能够根据所学内容准确地进行地中海风格空间的配色方案设计，并能独立完成设计方案的配色分析、方案表达和配色设计说明。

任务描述

本任务通过知识储备部分内容的学习，完成学习性工作任务——地中海风格配色方案制作。首先分析地中海风格空间所运用的色彩及配色方法，从而确定配色方案的所采用的色彩、色调及配色类型，绘制配色效果图进行展现，并撰写配色方案设计分析和说明，最终形成一套完整的地中海风格空间的配色设计方案，以演示文稿的形式进行体现。

工作情景

工作地点：多媒体教室。

工作场景：学生在教师指导下分析案例图片的色彩及配色方法并试着进行配色方案的编写，拟定空间的色彩、色调、配色类型、四角色等具体内容后，小组内进行可行性论证，确定方案后按照配色方案完成配色效果图的绘制；根据地中海风格配色的方法以效果图展示为主、文字分析说明为辅的形式形成配色整体方案的演示文稿；每组派1~2名同学进行方案的展示和讲解，师生共同提出优点及修改意见，经过对方案的二次修改完善后进行配色方案的提交。

知识储备

地中海风格并不是一种单纯的风格，而是融合了这一区域特殊的地理因素、自然环境因素与各民族不同文化因素后所形成的一种混搭风格，是富于人文精神和艺术气质的装修风格之一。自由、自然、浪漫、休闲是地中海风格的精髓。

6.3.1 地中海风格色彩要素分析

地中海风格以其纯美、自然、鲜艳、明媚的色彩搭配给人们留下了深刻的印象，这些色彩及配色的灵感来源于当地的自然环境。地中海沿岸物产丰饶，日照强烈，蔚蓝的大海与洁白的沙，海天一色映衬着向日葵花田的金黄和薰衣草的蓝紫，沙漠及岩石呈现的是来自大地最明艳的赭石和土黄，一切色彩都是来自自然界最艳丽的色彩（见图6-18）。

6.3.2 地中海风格配色方法

（1）地中海风格配色的常用色彩

地中海风格最典型的色彩就是蓝与白，主要见于地中海北部爱琴海沿海地区（见图6-19）。土黄、赭石、红褐来源于北非的沙漠，是地中海风格的另一种面貌（见图6-20）。黄色、蓝紫色和绿色是意大利的向日葵和法国南部薰衣草的象征，也是地中海风格不可或缺的色彩元素（见图6-21）。

（2）地中海风格配色的色调

地中海地区由于日光充足，所有颜色的饱和度也很高，体现了色彩最绚烂的一面，因此地中海风格的色彩常呈现为艳丽的强色调配色（见图6-22）和明媚的明色调配色（见图6-23）。此外，土黄、赭石等色彩自身就是浓色调的色彩，因此，地中海风格中也常见浓郁、华丽的浓色调配色（见图6-24）。

图6-18　地中海风格配色——要素分析

图6-19　地中海风格配色——蓝+白

图6-20　地中海风格配色——土黄

图6-21　地中海风格配色——绿色

图6-22　地中海风格配色——强色调

图6-23　地中海风格配色——明色调

图6-24　地中海风格配色——浓色调

图6-25　地中海风格配色——同相型配色

图6-26　地中海风格配色——类似型配色

（3）地中海风格配色的类型

地中海风格中的色彩都是遵循固定的配色模式，因此，配色类型也较为典型。蓝白的经典搭配属于同相型配色（见图6-25）；土黄、赭石和红褐的搭配则属于类似型配色（见图6-26）；此外，也可见黄与蓝、黄与紫等非典型的对决型或准对决型配色（见图6-27）。

图6-27　地中海风格配色——准对决型配色

（4）地中海风格配色的技巧

地中海风格的墙面常采用素色砖纹或石材拼贴、白色或蓝色护墙板等形式进行装饰；门窗边框等部位还常采用小石子、瓷砖、贝类、玻璃片、玻璃珠等素材的马赛克镶嵌、拼贴等装饰形式；地中海风格的地面多铺赤陶、石板或采用以大地色系为主的仿古彩色瓷砖斜拼或花拼的形式，也可使用木质地板。

地中海风格尽量采用线条简单且修边浑圆的木质家具或黑色、白色锻打铁艺家具；窗帘、桌巾、沙发套、灯罩等均以淡调或明调的棉织品为主，蓝色系小细花条纹格子图案是主要风格。地中海风格的家居还要注意绿化，攀缘类植物是常见的居家植物，小巧可爱、色彩艳丽的盆栽也常见（见图6-28）。

图6-28　地中海风格配色——材质效果

任务实施

（1）布置学习任务

明确学习任务的内容、目标、要求，特别是学习性工作任务的内容、目标、要求及完成学习性工作任务所需要掌握的理论知识、方法、途径和步骤，明确可利用的资源，要求学生课前按思考与复习要求完成知识储备部分内容的预习。

（2）理论知识引导学习

采用教师主导、学生为主体、理论与实践相结合的教学方法完成知识储备部分理论知识的学习。

（3）制定地中海风格空间的配色方案并表现

根据氛围要求制定地中海风格空间的初步配色方案，找出适合的色彩、色调和配色类型，确定空间配色的四角色；准备未填充色彩的室内效果图，按配色方案填充色彩；将配色效果图制作成演示文稿并撰写设计说明。

（4）方案汇报

每组派1~2名同学进行方案的展示和讲解，师生共同提出优点及修改意见。

（5）方案的修改与提交

经过对方案的二次修改完善后进行配色方案的提交。

总结评价

学生完成学习任务后，教师根据学生对知识的掌握情况、完成作业的准确情况和学习态度进行评价，肯定优点的同时提出改进意见。

思考与复习

1. 地中海风格在配色方面有哪些特点?
2. 地中海风格空间常用的色彩有哪些?
3. 地中海风格空间配色的色调是什么样的?
4. 地中海风格空间的配色类型有哪些?
5. 地中海风格空间配色需要注意哪些问题?

巩固训练

在网上查找地中海风格室内的图片，从色彩、色调和配色类型的角度分析图片中的配色是否符合地中海风格的配色模式，分析其配色印象，营造了什么样的空间氛围以及适合哪类人群使用。

6.4　制定美式风格的空间配色方案

工作任务

任务目标

通过学习了解空间配色对营造美式风格空间的意义和作用；明确美式风格室内空间常用的色彩有哪些，这些色彩的色调如何，怎样搭配，怎样配置；掌握营造美式风格空间配色的基本方法。能够根据所学内容准确地进行美式风格空间的配色方案设计，并能独立完成设计方案的配色分析、方案表达和配色设计说明。

任务描述

本任务通过知识储备部分内容的学习，完成学习性工作任务——美式风格配色方案制作。首先分析美式风格空间所运用的色彩及配色方法，从而确定配色方案的所采用的色彩、色调及配色类型，绘制配色效果图进行展现，并撰写配色方案设计分析和说明，最终形成一套完整的美式风格空间配色设计方案，以演示文稿的形式进行体现。

工作情景

工作地点：多媒体教室。

工作场景：学生在教师指导下分析案例图片的色彩及配色方法并试着进行配色方案的编写，拟定空间的色彩、色调、配色类型、四角色等具体内容后，小组内进行可行性论证，确定方案后按照配色方案完成配色效果图的绘制；根据美式风格配色的方法以效果图展示为主、文字分析说明为辅的形式形成配色整体方案的演示文稿；每组派1~2名同学进行方案的展示和讲解，师生共同提出优点及修改意见，经过对方案的二次修改完善后进行配色方案的提交。

知识储备

美式风格，顾名思义是来自美国的室内装饰风格。美国是个移民国家，欧洲各国人民来到美洲殖民地，把各民族、各地区的装饰装修和家具风格都带到了美国，同时由于美国地大物博，极大地放开了移民们对尺寸的欲望，使得美式风格以宽大、舒适、杂糅等风格而著称。

6.4.1　美式风格色彩要素分析

美式风格空间充分体现了兼容并包的拿来主义精神，在欧式风格的基础上可以融合各种其他的造型和色彩。总体来看，美式风格的配色给人一种看起来粗犷、自然，细节却又十分精致、考究的印象，使空间色彩看起来既自然朴素，又不失艺术化的加工处理。美式风格的空间氛围可以是复古的，也可以是时尚的，可以是自然感的，也可以是工业化的，完全可以通过色彩进行烘托（见图6-29）。

图6-29　美式风格配色——要素分析

图6-30　美式风格配色——米黄色背景

图6-31　美式风格配色——原木色系

图6-32　美式风格配色——无彩色系

图6-33　美式风格配色——钝色调

图6-34　美式风格配色——浓色调

图6-35　美式风格配色——苍白色调

图6-36　美式风格配色——同相型配色

图6-37　美式风格配色——准对决型配色

6.4.2　美式风格配色方法

（1）美式风格配色的常用色彩

美式风格以杂糅著称，在色彩的使用上也并没有太大的限制。美式风格在背景色上经常出现米白、米黄、大地色系（见图6-30）；木质材料可以作为护墙板、门窗边框、地板、家具等出现，色彩多为原木色系（见图6-31）。此外，无彩色系也是美式风格的常用色彩，大面积运用白色能提亮空间明度，大面积运用黑色则能增强空间的厚重感（见图6-32）。美式风格配色还常见深红、豆绿、宝石蓝等色彩的大面积应用，营造不同空间氛围的美式风格空间。

（2）美式风格配色的色调

美式风格配色对色彩的限制不强，只需控制好色彩的色调。体现自然感的美式风格配色应该是弱色调或钝色调（见图6-33），体现仿古、怀旧的美式风格配色色调则应该是浓色调或暗色调（见图6-34），还有较为典雅的美式风格配色可以是淡弱调或苍白色调（见图6-35）。

（3）美式风格配色的类型

美式风格配色类型可以是能产生一致性、沉稳、高档的同相型、类似型配色（见图6-36），也可以是对比鲜明、活跃的准对决型、对决型配色（见图6-37），多相型配色色相应控制在三种之内，避免产生混乱感。

（4）美式风格配色的技巧

美式风格空间中常出现黑色的铁艺线条装饰品，如吊灯、隔断等。另外，一些动物造型如鹿角、马头或动物皮毛的装饰品色彩偏暖，也能给人自然、野性的视觉感受。美式风格空间中还常出现一些色彩纯度较高的点缀色，如抱枕、花卉等，起到活跃空间氛围的作用（见图6-38）。

图6-38　美式风格配色——软装效果

任务实施

（1）布置学习任务

明确学习任务的内容、目标、要求，特别是学习性工作任务的内容、目标、要求及完成学习性工作任务所需要掌握的理论知识、方法、途径和步骤，明确可利用的资源，要求学生课前按思考与复习要求完成知识储备部分内容的预习。

（2）理论知识引导学习

采用教师主导、学生为主体、理论与实践相结合的教学方法完成知识储备部分理论知识的学习。

（3）制定美式风格空间的配色方案并表现

根据氛围要求制定美式风格空间的初步配色方案，找出适合的色彩、色调和配色类型，确定空间配色的四角色；准备未填充色彩的室内效果图，按配色方案填充色彩；将配色效果图制作成演示文稿并撰写设计说明。

（4）方案汇报

每组派1~2名同学进行方案的展示和讲解，师生共同提出优点及修改意见。

（5）方案的修改与提交

经过对方案的二次修改完善后进行配色方案的提交。

总结评价

学生完成学习任务后，教师根据学生对知识的掌握情况、完成作业的准确情况和学习态度进行评价，肯定优点的同时提出改进意见。

思考与复习

1. 美式风格在配色方面有哪些特点?
2. 美式风格空间常用的色彩有哪些?
3. 美式风格空间配色的色调是什么样的?
4. 美式风格空间的配色类型有哪些?
5. 美式风格空间配色需要注意哪些问题?

巩固训练

在网上查找美式风格室内的图片，从色彩、色调和配色类型的角度分析图片中的配色是否符合美式风格的配色模式，分析其配色印象，营造了什么样的空间氛围以及适合哪类人群使用。

6.5 制定中式风格的空间配色方案

工作任务

任务目标

通过学习了解空间配色对营造中式风格空间的意义和作用；明确中式风格室内空间常用的色彩有哪些，这些色彩的色调如何，怎样搭配，怎样配置；掌握营造中式风格空间配色的基本方法，其中包括传统中式风格、新中式风格等具体内容。能够根据所学内容准确地进行中式风格空间的配色方案设计，并能独立完成设计方案的配色分析、方案表达和配色设计说明。

任务描述

本任务通过知识储备部分内容的学习，完成学习性工作任务——中式风格配色方案制作。首先分析中式风格空间所运用的色彩及配色方法，从而确定配色方案的所采用的色彩、色调及配色类型，绘制配色效果图进行展现，并撰写配色方案设计分析和说明，最终形成一套完整的中式风格空间的配色设计方案，以演示文稿的形式进行体现。

工作情景

工作地点：多媒体教室。

工作场景：学生在教师指导下分析案例图片的色彩及配色方法并试着进行配色方案的编写，拟定空间的色彩、色调、配色类型、四角色等具体内容后，小组内进行可行性论证，确定方案后按照配色方案完成配色效果图的绘制；根据中式风格配色的方法以效果图展示为主、文字分析说明为辅的形式形成配色整体方案的演示文稿；每组派1~2名同学进行方案的展示和讲解，师生共同提出优点及修改意见，经过对方案的二次修改完善后进行配色方案的提交。

知识储备

中式风格指自古以来在中国中心区域范围内形成的室内装饰设计风格。中式风格的建筑以木结构为主，室内裸露的梁、柱、门窗框等构件均为木质；用木材或砖石泥土等材料作为墙面的围护结构；地面为石材；家具多为木质，造型优雅，装饰精美。

现在广泛流行的中式风格按照其设计理念的不同可以分为以复古为中心思想的传统中式风格和以追求传统意境与时尚审美相碰撞的新中式风格。

6.5.1　中式风格色彩要素分析

中式风格的发展受地域气候、文化、政治等方面影响，使得南、北方在室内装饰造型和空间配色上都出现了较大的差异。北方以宫廷风格为代表，常运用高明度色进行梁、柱、天花、藻井等部位的漆面或彩绘装饰，室内软装的色彩也较为鲜艳华丽，营造出雍容华贵的装饰效果（见图6-39）；南方以园林风格为代表，在配色上充分体现中国文人清心雅好、志向高洁的风骨，色彩较为单一保守，常以黑、白及木质色彩作为主色，空间环境虽没有雕梁画栋的华丽氛围，却富于笔墨的香气，体现了中国文化淡泊、悠远的意境美（见图6-40）。

图6-39　中式风格配色——宫廷风格

图6-40　中式风格配色——园林风格（1）

新中式风格是对传统中式风格意境美的传承和发扬，在色彩上既可以传承传统中式风格的色彩和色彩搭配，又可以运用新材料的色彩和肌理进行发扬，所以新中式风格的配色传统中不失活力，保守中又富于创新，是一种充满传统韵味和时尚魅力的色彩体系（见图6-41）。

图6-41　中式风格配色——园林风格（2）

6.5.2　中式风格配色方法

（1）中式风格配色的常用色彩

中式风格的立面常采用木饰面或抹灰饰面，色彩上主要以木色系、明黄色、红色系、灰白色系等为主。中式风格的主体色主要是家具的色彩，传统中式风格的家具多为红木材质，色彩为红棕、棕黄、深棕、黑等（见图6-42）。

新中式风格追求神似而非形似，背景色可适当采用红色、绿色等高纯度色彩（见图6-43），也可以采用黑色、墨绿色等低明度色彩（见图6-44），为空间增添时尚气息。家具方面更多保留了传统中式风格家具使用木质材料的习惯，为增强舒适感，添加了大量的布艺装饰，如床品、布艺沙发、抱枕、窗帘等，再以传统中式风格的装饰品、古董、花瓶、中式字画、刺绣作品、花卉植物、佛教装饰品等进行装饰，其色彩丰富华丽、不拘一格。

图6-42　中式风格配色——深棕色

图6-43　中式风格配色——红色系

图6-44　中式风格配色——墨绿色系

图6-45　中式风格配色——弱调

图6-46　中式风格配色——同相型配色

图6-47　中式风格配色——多相型配色

图6-48　中式风格配色——软装效果

（2）中式风格配色的色调

传统中式风格的色调可分为宫廷风格高纯度的强调、浓调和园林风格低纯度的钝调、涩调。新中式风格色调则多见淡调、弱调，给人典雅、沉静的感觉（见图6-45）。

（3）中式风格配色的类型

中式风格配色通常采用同相型配色，体现庄严、古朴的意境美（见图6-46），准对决型或多相型配色体现华丽感（见图6-47）。

（4）中式风格配色的技巧

中式风格室内必不可少装饰品的点缀与衬托，为保证风格和色彩的纯粹性，装饰品的选择必须保证与空间整体风格和色调保持一致，体量小的装饰品可适当采用高纯度色，起到活跃空间氛围的作用，但要注意它的色彩必须与空间中体量较大的物品色彩一致，否则会显得此色彩与空间整体极其不协调（见图6-48）。

任务实施

（1）布置学习任务

明确学习任务的内容、目标、要求，特别是学习性工作任务的内容、目标、要求及完成学习性工作任务所需要掌握的理论知识、方法、途径和步骤，明确可利用的资源，要求学生课前按思考与复习要求完成知识储备部分内容的预习。

（2）理论知识引导学习

采用教师主导、学生为主体、理论与实践相结合的教学方法完成知识储备部分理论知识的学习。

（3）制定中式风格空间的配色方案并表现

根据氛围要求制定中式风格空间的初步配色方案，找出适合的色彩、色调和配色类型，确定空间配色的四角色；准备未填充色彩的室内效果图，按配色方案填充色彩；将配色效果图制作成演示文稿并撰写设计说明。

（4）方案汇报

每组派1~2名同学进行方案的展示和讲解，师生共同提出优点及修改意见。

（5）方案的修改与提交

经过对方案的二次修改完善后进行配色方案的提交。

总结评价

学生完成学习任务后，教师根据学生对知识的掌握情况、完成作业的准确情况和学习态度进行评价，肯定优点的同时提出改进意见。

思考与复习

1. 传统中式风格在配色方面有哪些特点?
2. 新中式风格在配色方面有哪些特点?
3. 传统中式风格空间常用的色彩有哪些?
4. 新中式风格空间常用的色彩有哪些?
5. 传统中式风格空间配色的色调是什么样的?
6. 新中式风格空间配色的色调是什么样的?
7. 传统中式风格空间的配色类型有哪些?
8. 新中式风格空间的配色类型有哪些?
9. 中式风格空间配色需要注意哪些问题?

巩固训练

在网上查找中式风格室内的图片，从色彩、色调和配色类型的角度分析图片中的配色是否符合中式风格的配色模式，分析其配色印象，营造了什么样的空间氛围以及适合哪类人群使用。

6.6　制定东南亚风格的空间配色方案

工作任务

任务目标

通过学习了解空间配色对营造东南亚风格空间的意义和作用；明确东南亚风格室内空间常用的色彩有哪些，这些色彩的色调如何，怎样搭配，怎样配置；掌握营造东南亚风格空间配色的基本方法。能够根据所学内容准确地进行东南亚风格空间的配色方案设计，并能独立完成设计方案的配色分析、方案表达和配色设计说明。

任务描述

本任务通过知识储备部分内容的学习，完成学习性工作任务——东南亚风格配色方案制作。首先分析东南亚风格空间所运用的色彩及配色方法，从而确定配色方案的所采用的色彩、色调及配色类型，绘制配色效果图进行展现，并撰写配色方案设计分析和说明，最终形成一套完整的中式风格空间的配色设计方案，以演示文稿的形式进行体现。

工作情景

工作地点：多媒体教室。

工作场景：学生在教师指导下分析案例图片的色彩及配色方法，并试着进行配色方案的编写，拟定空间的色彩、色调、配色类型、四角色等具体内容后，小组内进行可行性论证，确定方案后按照配色方案完成配色效果图的绘制；根据东南亚风格配色的方法以效果图展示为主、文字分析说明为辅的形式形成配色整体方案的演示文稿；每组派1~2名同学进行方案的展示和讲解，师生共同提出优点及修改意见，经过对方案的二次修改完善后进行配色方案的提交。

知识储备

东南亚风格是起源于东南亚地区的一种体现浓郁的自然氛围和独特的民族色彩的室内装饰风格。

东南亚风格的空间较为开放，能很好地与室外景色和植物相融合，让人感觉似乎就在自然环境之中。东南亚地区，气候高温、潮湿，非常适合植物生长，住宅内的墙面、地面及家具等多取材于此。当地盛传佛教，在室内装饰中常有宗教元素的体现；东南亚人民较喜爱高纯度的、较为光滑的布艺材质，在服装、家居中都常有体现。东南亚风格既给人贴近自然的舒适感，又能营造高档次的空间氛围，再加上富于民族性的色彩搭配体现的东方魅力，让东南亚风格更具特色。

6.6.1 东南亚风格色彩要素分析

东南亚风格室内的主色取自热带雨林，常用当地的柚木、藤、竹等材质，其浓郁的棕色和绿色体现雨林植物丰茂之美。东南亚风格的软装灵感则来源于当地各民族的风土人情，常见高纯度的艳丽色彩及自然题材的装饰纹样（见图6-49）。

图6-49　东南亚风格配色——要素分析

6.6.2 东南亚风格配色方法

（1）东南亚风格配色的常用色彩

东南亚风格空间的墙面、地面、顶面以及家具多用当

图6-50 东南亚风格配色——棕+绿

图6-51 东南亚风格配色——浓色调

图6-52 东南亚风格配色——类似型配色

地盛产的柚木进行装饰，色彩呈深棕色。此外，雨林的深绿色也常被大面积应用于墙面、顶棚、软包沙发，点缀色出现在抱枕、画作、装饰品上，以高纯度的红、黄、绿、蓝、紫等色彩出现，这些色彩既像是热带奇花异草的缤纷多彩，又像是东南亚女性身着的衣裙艳丽多姿，营造热情、愉悦的自然氛围（见图6-50）。

（2）东南亚风格配色的色调

东南亚风格的色调以浓色调为主，色彩纯度高但明度较低，营造浓郁、热烈的自然之美（见图6-51）。

（3）东南亚风格配色的类型

东南亚风格配色可采用同相型、类似型或准对决型，如棕色、绿色的配色营造商务风的东南亚风格空间（见图6-52）；而愉悦氛围的东南亚空间则采用多色相型配色（见图6-53）。

（4）东南亚风格配色的技巧

东南亚风格配色的亮点主要集中在沙发上的彩色抱枕，色彩要注意冷暖、明暗的搭配，保证配色的平衡。东南亚风格属于自然风格的一种，通常自然风格中不建议使用金属材质，以免破坏空间的自然氛围，但东南亚风格经常融入佛教或民族装饰元素的金属色，如金身佛像、民族银饰、古铜色的大象摆件或器皿。为不破坏东南亚风格空间的自然氛围，金属色通常光泽度较低，呈作旧的状态（见图6-54）。

图6-53 东南亚风格配色——多色相型配色

图6-54 东南亚风格配色——配色技巧

任务实施

（1）布置学习任务

明确学习任务的内容、目标、要求，特别是学习性工作任务的内容、目标、要求及完成学习性工作任务所需要掌握的理论知识、方法、途径和步骤，明确可利用的资源，要求学生课前按思考与复习要求完成知识储备部分内容的预习。

（2）理论知识引导学习

采用教师主导、学生为主体、理论与实践相结合的教学方法完成知识储备部分理论知识的学习。

（3）制定东南亚风格空间的配色方案并表现

根据氛围要求制定东南亚风格空间的初步配色方案，找出适合的色彩、色调和配色类型，确定空间配色的四角色；准备未填充色彩的室内效果图，按配色方案填充色彩；将配色效果图制作成演示文稿并撰写设计说明。

（4）方案汇报

每组派1~2名同学进行方案的展示和讲解，师生共同提出优点及修改意见。

（5）方案的修改与提交

经过对方案的二次修改完善后进行配色方案的提交。

总结评价

学生完成学习任务后，教师根据学生对知识的掌握情况、完成作业的准确情况和学习态度进行评价，肯定优点的同时提出改进意见。

思考与复习

1. 东南亚风格在配色方面有哪些特点?
2. 东南亚风格空间常用的色彩有哪些?
3. 东南亚风格空间配色的色调是什么样的?
4. 东南亚格空间的配色类型有哪些?
5. 东南亚风格空间配色需要注意哪些问题?

巩固训练

在网上查找东南亚风格室内的图片，从色彩、色调和配色类型的角度分析图片中的配色是否符合东南亚风格的配色模式，分析其配色印象，营造了什么样的空间氛围以及适合哪类人群使用。

6.7 制定田园风格的空间配色方案

工作任务

任务目标

通过学习了解空间配色对营造田园风格空间的意义和作用；明确田园风格室内空间常用的色彩有哪些，这些色彩的色调如何，怎样搭配，怎样配置；掌握营造田园风格空间配色的基本方法，其中包括中式田园风格、欧式田园风格、美式乡村风格等具体内容。能够根据所学内容准确地进行田园风格空间的配色方案设计，并能独立完成设计方案的配色分析、方案表达和配色设计说明。

任务描述

本任务通过知识储备部分内容的学习，完成学习性工作任务——田园风格配色方案制作。首先分析田园风格空间所运用的色彩及配色方法，从而确定配色方案的所采用的色彩、色调及配色类型，绘制配色效果图进行展现，并撰写配色方案设计分析和说明，最终形成一套完整的田园风格空间的配色设计方案，以演示文稿的形式进行体现。

工作情景

工作地点：多媒体教室。

工作场景：学生在教师指导下分析案例图片的色彩及配色方法，并进行配色方案的编写，拟定空间的色彩、色调、配色类型、四角色等具体内容后，小组内进行可行性论证，确定方案后按照配色方案完成配色效果图的绘制；根据田园风格配色的方法以效果图展示为主、文字分析说明为辅的形式形成配色整体方案的演示文稿；每组派1~2名同学进行方案的展示和讲解，师生共同提出优点及修改意见，经过对方案的二次修改完善后进行配色方案的提交。

知识储备

田园风格是指通过室内造型、材质、色彩等方面表现田园气质和意境的室内外装饰风格，这里的田园并非普通农村的室内装饰效果，而是一种建立在美学基础上的贴近自然、向往自然的风格式样。

田园风格在美学上推崇“自然美”，认为只有崇尚自然、结合自然，才能在当今高科技、快节奏的社会生活中获取生理和心理的平衡。因此，田园风格力求表现悠闲、舒畅、朴实、自然的生活情趣。

田园风格重在对自然的表现，在世界各地都有类似的风格表现形式，我们把这些初衷一致、目标相同的风格统称为自然风格或田园风格。但各地自然条件和人们意识形态的不同，各地区的田园风格在装饰上也有着或大或小的差异，进而也衍生出多种家居风格。田园风格可细分为中式田园风格、欧式田园风格、美式乡村风格等，这些风格初衷虽然一致，但却各有特色。

6.7.1　田园风格色彩要素分析

（1）中式田园风格

中式田园风格，尽可能选用木、石、藤、竹、织物等天然材料装饰，软装饰上常用藤制品、绿色盆栽、瓷器、陶器等。在室内布置、线型、色调以及家具、陈设的造型等方面，吸取传统装饰“神似”的特征，以传统文化内涵为设计元素，去掉多余的雕刻，更显主人的品位与尊贵，也体现中国古代文人所追求的“世外桃源”般的超然意境（见图6-55）。

（2）欧式田园风格

欧式田园风格，设计上讲求心灵的自然回归感，墙面及家具的材质虽然多取自天然，但经过了雕刻和漆面处理，碎花布艺的大面积应用，吊灯、壁画、花瓶等装饰品精致美观，加上绿植、花卉的点缀，空间充分展现了主人闲适的自然情趣和高雅的艺术品位。欧式田园又以英式田园风格（见图6-56）和法式田园风格（见图6-57）具有代表性。

（3）美式乡村风格

美式乡村风格，摒弃了烦琐和奢华，并将不同风格中的优秀元素汇集融合，强调“回归自然”，使这种风格变得更加轻松、舒适。不论是感觉笨重的家具，还是带有岁月沧桑的配饰，都在向人们展示生活的舒适和自由。美式家具体积庞大，厚重，非常自然，充分显现出乡村的朴实；布艺以棉麻为主，绘制各种花卉、虫鸟，更增添了空间的生动印象（见图6-58）。

图6-55　中式田园风格配色

6.7.2　田园风格的配色方法

（1）田园风格配色的常用色彩

中式田园风格装饰材料常保留木、石、藤、竹等自然材料自身的色彩，多为棕黄色系，布艺则常用未经着色的棉、麻材质，色彩多为乳白、浅黄（见图6-59）。

英式田园风格常在木质墙板、家具上做漆面处理，在漆面通常呈现象牙白色或乳白色，碎花、条纹、苏格兰图案布艺则呈现出不同的花色，给人经典、恬静、朴实的感觉（见图6-60）。

法式田园风格色彩鲜艳明快，家具做洗白处理，使家具流露出古典家具的古朴质感，常用高纯度的色彩搭配，反映丰沃、富足的自然景象（见图6-61）。

美式乡村风格的色彩以绿色、土褐色为背景色，家具通常保留材料的本色及肌理，也就是原木色系（见图6-62）。

图6-56　英式田园风格配色

图6-57　法式田园风格配色

图6-58　美式乡村风格配色

图6-59　中式田园风格配色

图6-60　英式田园风格配色

（2）田园风格配色的色调

中式田园风格配色常采用纯度偏低、明度偏低的色调，如弱调、钝调或暗调（见图6-63）；英式田园风格配色通常比较干净、朴素，色调多为苍白调或淡弱调（见图6-64）；法式田园风格配色则喜欢采用高纯度的明调营造轻松、惬意的休闲氛围或采用浓调营造浓郁、热情的自然氛围（见图6-65）；美式乡村风格配色常以浓调或钝调呈现，给人成熟、高档的配色印象（见图6-66）。

（3）田园风格配色的类型

中式田园风格常以同相型配色或类似型配色体现悠远、恬淡的“桃源”气质（见图6-67）；英式田园风格空间多用白色搭配其他布艺或家具的色彩，通常呈同相型配色（见图6-68）；法式田园风格空间常采

图6-61　法式田园风格配色

图6-62　美式乡村风格配色

图6-63　中式田园风格配色——钝调

图6-64　英式田园风格配色

图6-65　法式田园风格配色——浓调

图6-66　美式乡村风格配色——钝调

图6-67　中式田园风格配色——同相型配色

图6-68　英式田园风格配色——同相型配色

图6-69　法式田园风格配色——多相型配色

图6-70　美式乡村风格配色——同相型配色

用对比较强的配色，如准对决型、对决型配色，也可以运用多相型配色营造华丽的空间氛围（见图6-69）；美式乡村风格常见同相型、类似型配色，色彩差距不大，体现稳重、成熟、高档的配色效果（见图6-70）。

（4）田园风格配色的技巧

田园风格空间还要通过绿化增添空间的自然气息，要结合家具陈设等布置绿化，使植物融于居室，创造自然、简朴、高雅的氛围。植物的色彩以绿色系为主，有时还会出现娇嫩或艳丽的花卉装饰，此外还有棕色的藤蔓植物等。

任务实施

（1）布置学习任务

明确学习任务的内容、目标、要求，特别是学习性工作任务的内容、目标、要求及完成学习性工作任务所需要掌握的理论知识、方法、途径和步骤，明确可利用的资源，要求学生课前按思考与复习要求完成知识储备部分内容的预习。

（2）理论知识引导学习

采用教师主导、学生为主体、理论与实践相结合的教学方法完成知识储备部分理论知识的学习。

（3）制定田园风格空间的配色方案并表现

根据氛围要求制定田园风格空间的初步配色方案，找出适合的色彩、色调和配色类型，确定空间配色的四角色；准备未填充色彩的室内效果图，按配色方案填充色彩；将配色效果图制作成演示文稿并撰写设计说明。

（4）方案汇报

每组派1~2名同学进行方案的展示和讲解，师生共同提出优点及修改意见。

（5）方案的修改与提交

经过对方案的二次修改完善后进行配色方案的提交。

总结评价

学生完成学习任务后，教师根据学生对知识的掌握情况、完成作业的准确情况和学习态度进行评价，肯定优点的同时提出改进意见。

思考与复习

1. 田园风格在配色方面有哪些特点?
2. 田园风格可细分为哪些类别？在配色方面有哪些异同点?
3. 中式田园风格空间常用的色彩、色调、配色类型有哪些?
4. 英式田园风格空间常用的色彩、色调、配色类型有哪些?
5. 法式田园风格空间常用的色彩、色调、配色类型有哪些?
6. 美式乡村风格空间常用的色彩、色调、配色类型有哪些?
7. 田园风格空间配色需要注意哪些问题?

巩固训练

在网上查找田园风格室内的图片，从色彩、色调和配色类型的角度分析图片中的配色是否符合田园风格的配色模式，分析其配色印象，营造了什么样的空间氛围以及适合哪类人群使用。

6.8　制定现代风格的空间配色方案

工作任务

任务目标

通过学习了解空间配色对营造现代风格空间的意义和作用；明确现代风格室内空间常用的色彩有哪些，这些色彩的色调如何，怎样搭配，怎样配置；掌握营造现代风格空间配色的基本方法，其中包括现代主义风格、极简主义风格、后现代主义风格以及现代风格的各种流派。能够根据所学内容准确地进行现代风格空间的配色方案设计，并能独立完成设计方案的配色分析、方案表达和配色设计说明。

任务描述

本任务通过知识储备部分内容的学习，完成学习性工作任务——现代风格配色方案制作。首先分析现代风格空间所运用的色彩及配色方法，从而确定配色方案所采用的色彩、色调及配色类型，绘制配色效果图进行展现，并撰写配色方案设计分析和说明，最终形成一套完整的现代风格空间的配色设计方案，以演示文稿的形式进行体现。

工作情景

工作地点：多媒体教室。

工作场景：学生在教师指导下分析案例图片的色彩及配色方法并试着进行配色方案的编写，拟定空间的色彩、色调、配色类型、四角色等具体内容后，小组内进行可行性论证，确定方案后按照配色方案完成配色效果图的绘制；根据现代风格配色的方法以效果图展示为主、文字分析说明为辅的形式形成配色整体方案的演示文稿；每组派1~2名同学进行方案的展示和讲解，师生共同提出优点及修改意见，经过对方案的二次修改完善后进行配色方案的提交。

知识储备

现代风格指造型简洁新颖，具有当今时代感的建筑形象和室内环境。现代风格造型简洁，无过多的装饰，推崇科学合理的构造工艺，重视发挥材料的性能特点，注重展现建筑结构的形式美，探究材料自身质地和色彩搭配的效果。

现代风格起源于1919年成立的包豪斯学校，创始人格罗皮乌斯是包豪斯学校的第一任校长。他提出了现代主义的理念，即建筑新创造、实用主义、空间组织、强调传统的突破都是该学派的理念，对现代风格有着深刻的影响。

德国包豪斯学校的第三任校长密斯·凡德罗提出了简约风格或极简主义。强调在满足功能的基础上作到最大程度的简洁。简约风格就是简单而有品位，这种品位体现在设计细节上的把握，每一个细小的局部和装饰都要深思熟虑，在施工上更要求精工细作，是一种不容易达到的效果。

后现代风格是对现代风格的逆反，反对建筑和室内设计简单化和模式化，强调建筑要有人情味。

随着现代风格发展，又产生了以下派别：高技派、解构主义派、听觉空间派、新古典主义派、新地方主义派、白色派、银色派、超现实主义派、孟菲斯派、超级平面美术派、绿色派等。

图6-71　现代风格配色——现代主义风格

图6-72　现代风格配色——极简主义风格

图6-73　现代风格配色——后现代主义风格

6.8.1　现代风格色彩要素分析

现代主义注重功能和工业化的特点，反对多余的装饰，在色彩上也比较简单，多为黑、灰、白的几何形色块搭配金属材料及玻璃的高光泽度（见图6-71）。

极简主义风格强调简约而不简单，造型上的精简势必要从色彩及材质上进行内涵的补充，因此，极简主义风格用色比较鲜艳明亮，喜欢运用高纯度色创造精致的配色效果。常使用金属、玻璃、塑料等表面光亮的材质，给人时尚、简洁的感觉（见图6-72）。

后现代风格是对现代风格的逆反，反对建筑和室内设计简单化和模式化，强调建筑要有人情味。在配色上比较大胆，提倡多样化（见图6-73）。

白色派因在室内大量使用白色而得名，造型可简洁，也可富于变化。因白色给人纯净整洁之感，能增加空间的亮度，能很好地体现空间和光线在室内设计中的重要性，同时能更好地呈现材质和造型的美感。白色派的室内可适当小面积使用高纯度的点缀色，以活跃空间（见图6-74）。

银色派也称光亮派，大量使用不锈钢、铝合金、镜面玻璃、磨光花岗岩、高密度板材等表面光滑、光泽度高的材料，重视光线的折射与反射，使空间看起来流光溢彩、豪华绚丽、人动景移、交相辉映。因此，在配色上多见光亮的银色，同时也会有色彩鲜艳、精致的装饰品（见图6-75）。

风格派最主要的特点是对三原色的运用，红、黄、蓝三种纯度高、纯粹的色彩搭配在一起，营造丰富、醒目、平衡的配色效果，产生极强的视觉冲击力，让人留下深刻的印象（见图6-76）。

图6-74　现代风格配色——白色派

图6-75　现代风格配色——光亮派

图6-76　现代风格配色——风格派

6.8.2　现代风格配色方法

（1）现代风格配色的常用色彩

无彩色系配色，给人简洁、干练、时尚的感觉，具有强烈的都市感，加入金属色更能增强现代感，是现代主义风格、极简主义风格、银色派等现代风格流派常见的配色手段（见图6-77）。

现代风格除白色派、银色派、极简主义、风格派等流派有特定的色彩要求，其他风格流派对色彩并无具体限制，要根据空间的功能、性质、氛围以及使用者喜好进行选用。

（2）现代风格配色的色调

表现具有时尚感、都市感的现代风格空间常用低纯度色调，如白色派、超现实主义派等常采用苍白调、淡弱调配色（见图6-78）；现代主义风格可以采用涩调、黑暗调配色（见图6-79）。高纯度的强调也能体现时尚、激情的配色效果，风格派的红色、黄色、蓝色通常就呈现强色调配色形式（见图6-80）；浓调的红、绿、蓝同样能产生时尚、现代的配色效果，因此也常被用于现代风格中（见图6-81）。明度配色

图6-77　现代风格配色——无彩色系

图6-78　现代风格配色——苍白调

图6-79　现代风格配色——涩调

图6-80　现代风格配色——强调

图6-81　现代风格配色——浓调

图6-82　现代风格配色——明调

图6-83　现代风格配色——同相型配色

图6-84　现代风格配色——类似型配色

图6-85　现代风格配色——对决型配色

明亮、健康，淡调、弱调配色干练、高档，都可以应用于各种现代风格流派（见图6-82）。

（3）现代风格配色的类型

同相型配色效果稳定、统一，现代主义风格、极简主义风格、白色派、银色派等都常采用同相型配色，体现极强的执着感、人工性，有利于营造现代风格的空间氛围（见图6-83）；类似型配色效果和谐、平稳，在现代风格中也常有应用（见图6-84）；准对决型和对决型配色，色彩差距较大，给人极强的活跃性和视觉张力，空间氛围开放，时尚性极强，在后现代主义风格、工艺美术派等风格流派中常有运用（见图6-85）；多相型配色，色彩层次丰富，空间氛围活跃，风格派的配色就是四角型配色运用的典型代表（见图6-86）。

图6-86　现代风格配色——四角型配色

（4）现代风格配色的技巧

现代风格是一个庞大的风格系统，不同的风格流派侧重的设计点各不相同，有些流派如极简主义、白色派、银色派、风格派的侧重点就是在配色方面进行把握，否则无法达到预期的装饰效果。此外，还要考虑运用什么样的材料才能展现色彩最有魅力的一面，现代风格更注重使用具有现代感的人造材质，如金属、玻璃、塑料等。

任务实施

（1）布置学习任务

明确学习任务的内容、目标、要求，特别是学习性工作任务的内容、目标、要求及完成学习性工作任务所需要掌握的理论知识、方法、途径和步骤，明确可利用的资源，要求学生课前按思考与复习要求完成知识储备部分内容的预习。

（2）理论知识引导学习

采用教师主导、学生为主体、理论与实践相结合的教学方法完成知识储备部分理论知识的学习。

（3）制定现代风格空间的配色方案并表现

根据氛围要求制定现代风格空间的初步配色方案，找出适合的色彩、色调和配色类型，确定空间配色的四角色；准备未填充色彩的室内效果图，按配色方案填充色彩；将配色效果图制作成演示文稿并撰写设计说明。

（4）方案汇报

每组派1~2名同学进行方案的展示和讲解，师生共同提出优点及修改意见。

（5）方案的修改与提交

经过对方案的二次修改完善后进行配色方案的提交。

总结评价

学生完成学习任务后，教师根据学生对知识的掌握情况、完成作业的准确情况和学习态度进行评价，肯定优点的同时提出改进意见。

思考与复习

1. 现代风格在配色方面有哪些特点?
2. 现代风格有哪些分类？在配色方面有哪些特点?
3. 现代风格配色的方法和注意事项有哪些?
4. 极简主义风格配色的方法和注意事项有哪些?
5. 后现代主义风格配色的方法和注意事项有哪些?
6. 白色派配色的方法和注意事项有哪些?
7. 银色派配色的方法和注意事项有哪些?
8. 风格派配色的方法和注意事项有哪些?

巩固训练

在网上查找现代风格室内的图片，从色彩、色调和配色类型的角度分析图片中的配色符合现代风格的哪个风格流派的配色模式，分析其配色印象，营造了什么样的空间氛围以及适合哪类人群使用。

制定不同功能空间的配色方案

知识目标

1 了解空间功能与空间配色的关系；

2 了解空间性质与空间配色的关系；

3 掌握根据客厅功能需求进行空间配色定位的方法，明确客厅空间配色的各种影响因素，掌握客厅空间配色的具体方法和注意事项；

4 掌握根据餐厅功能需求进行空间配色定位的方法，明确餐厅空间配色的各种影响因素，掌握餐厅空间配色的具体方法和注意事项；

5 掌握根据卧室功能需求进行空间配色定位的方法，明确卧室空间配色的各种影响因素，掌握卧室空间配色的具体方法和注意事项；

6 掌握根据儿童房功能需求进行空间配色定位的方法，明确儿童房空间配色的各种影响因素，掌握儿童房空间配色的具体方法和注意事项；

7 掌握根据书房功能需求进行空间配色定位的方法，明确书房空间配色的各种影响因素，掌握书房空间配色的具体方法和注意事项；

8 掌握根据厨房功能需求进行空间配色定位的方法，明确厨房空间配色的各种影响因素，掌握厨房空间配色的具体方法和注意事项。

技能目标

1 能够分析空间功能对色彩的需求；

2 能够总结不同功能、性质的空间适合什么种类的配色；

3 能够根据各方面影响因素进一步确定配色方案；

4 能够运用色彩、色调及配色方式制定客厅空间配色方案；

5 能够运用色彩、色调及配色方式制定餐厅空间配色方案；

6 能够运用色彩、色调及配色方式制定卧室空间配色方案；

7 能够运用色彩、色调及配色方式制定儿童房空间配色方案；

8 能够运用色彩、色调及配色方式制定书房空间配色方案；

9 能够运用色彩、色调及配色方式制定厨房空间配色方案；

10 能够综合运用专业知识及术语进行方案的展示及讲解。

7.1 制定客厅空间配色方案

工作任务

任务目标

通过学习了解客厅空间配色的目的与意义；明确客厅空间包含哪些功能区域，这些区域对色彩的要求有哪些；掌握客厅空间常用的色彩有哪些，这些色彩的色调如何，怎样搭配，有什么技巧；能够根据所学内容准确地进行客厅空间的配色方案设计，并能独立完成设计方案的配色分析、方案表达和配色设计说明。

任务描述

本任务通过知识储备部分内容的学习，完成设计性工作任务——客厅配色方案制作。首先分析客厅空间功能适合色彩、色调及配色类型，再根据各方面影响因素对配色进行进一步确定，将色彩落实到空间，绘制配色效果图进行展现，并撰写配色方案分析和设计说明，最终形成一套完整的客厅空间的配色设计方案，以演示文稿的形式进行体现。

工作情景

工作地点：多媒体教室。

工作场景：学生在教师指导下分析客厅空间的功能对色彩及配色的要求，再根据教师设定的使用者和空间情况拟定空间的色彩、色调、配色类型、四角色等具体内容后形成初步方案，小组内进行可行性论证，确定后按照初步配色方案完成配色效果图的绘制；根据客厅空间配色的方法以效果图展示为主、文字分析说明为辅的形式形成配色整体方案的演示文稿；每组派1~2名同学进行方案的展示和讲解，师生共同提出优点及修改意见，经过对方案的二次修改完善后进行配色方案的提交。

知识储备

7.1.1 客厅功能与配色定位

客厅是居室的中心区域，是家人休闲、娱乐、会客、聊天的主要场所，有时也作为连接各功能空间的交通枢纽，因此，在配色设计方面既要注意营造和谐、温馨的气氛，又要体现作为家庭核心区域的端庄，既要体现主人的品位与审美，又要满足其他家庭成员的诉求（见图7-1）。

从功能角度分析，客厅配色要满足以下要求：

（1）色彩和色调

客厅作为家庭的共享区域，色彩和色调的选择应该具有包容性，即无论任何性别、任何年龄都能接受的色彩和色调。避免使用性别倾向明显的色彩，如粉色、红色等，除非是单身女性的客厅；避免使用与每个家庭成员年龄严重不符的色彩；避免使用超低明度的色调，以免房间过于暗沉压抑；尽量不要大面积使用超

图7-1　客厅空间配色

图7-2　客厅空间配色——浅暖色系

图7-3　客厅空间配色——深暖色系

图7-4　客厅空间配色——浅冷色系

图7-5　客厅空间配色——浅灰色

图7-6　客厅空间配色——同相型配色

高纯度的色调，以免破坏空间色彩的庄重性和包容性。

家庭客厅常用的色彩包括温馨明亮的浅暖色系（见图7-2）、华丽庄严的深暖色系（见图7-3）、清爽怡人的浅冷色系（见图7-4）、柔和舒适的米白、浅灰等色彩（见图7-5）。

（2）配色类型

客厅的配色类型没有明确限制。同相型配色和类似型配色效果执着、统一（见图7-6）；准对决型和对决型配色效果丰富、醒目（见图7-7）。客厅色彩的数量尽量不超过三种，避免给人凌乱、花哨的感觉，影响客厅空间整齐、端庄的效果（见图7-8）。

图7-7　客厅空间配色——准对决型

图7-8　客厅空间配色——控制色彩数量

7.1.2　客厅配色的影响因素

（1）使用者因素

①主人喜好分析：客厅是居室内最重要的开放区域，也是居室设计的核心区域，因此客厅的配色方案设计需要充分分析主人的年龄、职业、喜好、收入情况等因素。设计为人服务，要把主人的喜好和意愿放在设计考虑的首位。

②家庭成员分析：客厅是家人共享的空间，因此在关注主人喜好的基础上，要充分考虑其他家庭成员的基本情况和喜好。比如要了解家庭成员的数量、年龄、性别、喜好、与主

人的关系、是否常住等情况，以保证配色设计能在最大限度上满足以主人为核心的全体家庭成员的喜好和诉求。比如夫妻二人的家庭，客厅配色不能有明显的性别偏向（见图7-9），而三代同堂的家庭，客厅的配色就要在满足主人喜好的基础上考虑同时满足老人、孩子的诉求（见图7-10）。避免使用过于男性化或女性化的色彩，避免使用过于倾向某一年龄阶段的色彩，要全面、综合地选择色彩及配色方案。

③生活方式分析：业主及家人通常在什么时间会在客厅里逗留？是清晨、白天、傍晚还是深夜？他们在客厅里主要从事哪些活动？看电视、聊天还是娱乐？是否有带外人来家里做客的习惯？了解生活方式有利于我们了解空间的采光形式、使用者的关注点和配色设计的侧重点，能帮助我们进一步确定空间的色调和色彩搭配方案。

（2）空间因素

①卧室的朝向、采光情况：了解卧室的朝向、采光情况，有利于确定空间的整体色调。

②卧室的面积、规划情况：了解客厅的面积、高度情况，有利于确定背景色的选择以及色彩明度、纯度的情况。

（3）风格氛围因素

①风格因素分析：了解客厅拟采用的装饰风格，有利于根据风格确定空间的色彩、色调和色彩搭配类型。

②氛围因素分析：了解客厅拟营造的氛围，有利于根据氛围确定空间的色彩、色调和色彩搭配类型。家居空间中，客厅作为居室内的主要装饰区域，可以有以下几种氛围：华丽、古典、时尚、休闲、清新、自然、温暖、都市、浪漫、激情等。

7.1.3 客厅的规划与四角色分析

客厅的核心区域就是由沙发和茶几、角几、单人位座椅等组成的区域，其中最大的一组沙发通常就是该空间配色方案的主角色，而旁边体量仅次于沙发的单人位座椅或茶几则作为配角色存在。空间的背景色以墙面色彩为主，点缀色通常出现在抱枕上以及茶几或电视柜上摆放的花卉、器皿、果盘等，还有背景墙上的画品和展示柜上的收藏品、装饰品等。

图7-9 客厅空间配色——兼顾性别的配色

图7-10 客厅空间配色——兼顾年龄的配色

7.1.4 客厅配色的基本方法

（1）确定空间的主体色

主体色指空间中面积比较大、在整个空间中占据重要角色的色彩，包括空间配色中的背景色、主角色和配角色。客厅空间中沙发作为视觉中心，通常放置于空间中心区域，以背景墙为依靠，前侧可配合摆放茶几，两侧可摆放单人位沙发或座椅（见图7-11）；电视背景墙作为客厅另一侧的视觉中心，通常由电视、造型和电视柜组合而成（见图7-12）。因此，客厅配色的主体色就是沙发区域及背景墙的色彩。

作为家人共用空间，客厅的背景色不应该有非常明显的色彩倾向，因此背景色尽量采用高明度色，色彩明度高有利于光线传播，能让空间看起来更开敞、明亮，尤其适合面积不大、采光条件一般或白天经常有人活动的客厅空间。

客厅的主角色应结合主人的喜好、风格、氛围等因素进行考虑，通常使用低明度色，能给人感觉高档、沉稳；使用高纯度色能让人眼前一亮，提升配色效果。不同色彩、色调传达不同的配色印象，要根据各方面因素进行综合考量。

客厅的配角色一定要和主角色相结合考虑，可先确定空间的整体色调及配色类型，再确定配角色如何选用。

（2）确定配色类型

当我们找到了确定主体色的依据，就可以确定全部或一部分主体色，接下来再通过分析确定配色类型。配色类型可根据主人喜好确定，也可以根据空间风格或氛围确定。

色彩和配色类型的选择可以交替进行，比如先确定一种主色，再确定配色类型，最后根据配色类型的需要确定其他主色；或确定了全部主色，直接根据主色之间的色彩关系确定配色类型。

（3）调整配色方案

当主体色及配色类型全部确认后，可通过观察寻找配色方案还有哪些问题需要调整。

①观察配色效果是否符合要求：检查配色效果是否满足使用者要求，是否与空间环境相适应，是否与空间风格和氛围相符合。

②观察配色效果是否和谐：配色效果不和谐可能是色彩数量过多、色彩对比大或色调不统一导致的，在调整配色方案时首先考虑这些因素。

③观察配色是否单调：如果配色没有达到预期的对比效果，可以通过调整主角色、配角色纯度或明度等方法进行调整。

（4）布置点缀色

当主体色全部调整完毕，再根据目前的配色情况进行点缀色的添加。点缀色要根据主体色彩的情况确定，如果空间本身色彩已经很多或对比比较强烈，点缀色就要选择已出现的色彩提高纯度进行呈现（见图7-13）；如果空间本身配色效果比较单一，则可以选择与主体色差距较大的色彩作为点缀色来丰富配色效果（见图7-14）。

客厅空间的点缀色可以通过以下形式进行添加：沙发加抱枕或坐垫（见图7-15）；茶几加花卉、果盘（见图7-16）；电视柜加器皿、相框（见图7-17）；背景墙加画品或立体、半立体装饰品（见图7-18）。

图7-11　客厅空间配色——沙发区域

图7-12　客厅空间配色——电视背景墙

图7-13　客厅空间配色——降低对比的点缀色

图7-14　客厅空间配色——提高对比的点缀色

图7-15　客厅空间配色——抱枕、坐垫

图7-16　客厅空间配色——花卉、果盘

图7-17　客厅空间配色——器皿

图7-18　客厅空间配色——装饰品

任务实施

（1）布置学习任务

明确学习任务的内容、目标、要求，特别是设计性工作任务的内容、目标、要求及完成学习性工作任务所需要掌握的理论知识、方法、途径和步骤，明确可利用的资源，要求学生课前按思考与复习要求完成知识储备部分内容的预习。

（2）理论知识引导学习

采用教师主导、学生为主体、理论与实践相结合的教学方法完成知识储备部分理论知识的学习。

（3）制定客厅空间的配色方案并表现

根据客厅空间功能及教师设定的使用者情况、空间环境、空间风格和氛围等制定客厅空间的初步配色方案，找出适合的色彩、色调和配色类型，确定空间配色的四角色；按配色方案填充色彩，将配色效果图制作成演示文稿并撰写设计说明。

（4）方案汇报

每组派1~2名同学进行方案的展示和讲解，师生共同提出优点及修改意见。

（5）方案的修改与提交

经过对方案的二次修改完善后进行配色方案的提交。

总结评价

学生完成学习任务后，教师根据学生对知识的掌握情况、完成作业的准确情况和学习态度进行评价，肯定优点的同时提出改进意见。

思考与复习

1. 客厅的功能有哪些？在配色上应注意什么？
2. 客厅空间配色设计要考虑使用者的因素有哪些？
3. 客厅空间配色的四角色是如何布置的？
4. 客厅空间适合的色彩和色调有哪些？
5. 客厅空间适合的配色类型有哪些？
6. 如何调整客厅空间的配色效果？

巩固训练

以自己或同学家的客厅为例，按照自己或同学家庭的实际情况进行客厅的配色方案设计，先了解使用者对空间色彩的喜好和需求，明确空间环境情况；进行空间风格和氛围的定位；制定空间的主色、色调和配色类型，确定四角色，最后完成客厅整体配色方案的设计，并以效果图和演示文稿的形式进行表现。

7.2　制定餐厅空间配色方案

工作任务

任务目标

通过学习了解餐厅空间配色的目的与意义；明确餐厅空间包含哪些功能区域，这些区域对色彩的要求有哪些；掌握餐厅空间常用的色彩有哪些，这些色彩的色调如何，怎样搭配，有什么技巧；能够根据所学内容准确地进行餐厅空间的配色方案设计，并能独立完成设计方案的配色分析、方案表达和配色设计说明。

任务描述

本任务通过知识储备部分内容的学习，完成设计性工作任务——餐厅配色方案制作。首先分析餐厅空间功能适合色彩、色调及配色类型，再根据各方面影响因素对配色进行进一步确定，将色彩落实到空间，绘制配色效果图进行展现，并撰写配色方案分析和设计说明，最终形成一套完整的餐厅空间的配色设计方案，以演示文稿的形式进行体现。

工作情景

工作地点：多媒体教室。

工作场景：学生在教师指导下分析餐厅空间的功能对色彩及配色的要求，再根据教师设定的使用者和空间情况拟定空间的色彩、色调、配色类型、四角色等具体内容后形成初步方案，小组内进行可行性论证，确定后按照初步配色方案完成配色效果图的绘制；根据餐厅空间配色的方法以效果图展示为主、文字分析说明为辅的形式形成配色整体方案的演示文稿；每组派1~2名同学进行方案的展示和讲解，师生共同提出优点及修改意见，经过对方案的二次修改完善后进行配色方案的提交。

知识储备

7.2.1 餐厅功能与配色定位

餐厅是家人用餐、交流、会客的场所，氛围应该是温馨、舒适的，让用餐者身处其中会有愉悦、放松的心情，以良好的状态品尝美食。研究也表明愉悦用餐更有利于食物的消化吸收，从而有益于身体健康；优雅的用餐空间还有利于家人进行良好的交流，有利于营造良好的家庭氛围；此外，餐厅也是主人招待客人的主要场所，能很好地体现主人喜好、品位和审美（见图7−19）。

（1）色彩和色调

餐厅根据其功能特性，应该以暖色作为空间配色的主要选择。其中高明度的暖色如米黄、乳白、浅木色系等，能够营造温馨、舒适的用餐氛围（见图7−20）；高纯度的暖色如红色、橙色、黄色，能有效刺激人的食欲（见图7−21）；高明度的冷色能够营造清新、凉爽的空间氛围，适合夏季或气候炎热的区域（见图7−22）；白色的餐厅给人感觉非常卫生、干净，也是理想的用餐空间（见图7−23）。

餐厅要避免使用阴暗、晦涩的色彩，比如高纯度的冷色给人消极、阴冷的感觉，让用餐者心情压抑，不利于进食；再比如深灰、黑色及其他低明度色，让空间看起来昏暗、沉重，也不能营造好的用餐氛围；浓郁深暖色餐厅虽然看起来很沉稳，有档次，但更适合作为以交际应酬为目的的用餐场所，并不是理想的用餐空间（见图7−24）。

（2）配色类型

同相型配色、类似型配色营造和谐、统一且具有色彩倾向的配色效果，能让色彩本身的印象更好地发挥作用（见图7−25）；准对决型配色和对决型配色可以营造愉悦、欢快的空间氛围（见图7−26）；多色相的配色也可以让空间氛围热烈、自然，但也要注意控制色彩的数量，避免凌乱（见图7−27）。

图7−19　餐厅空间配色

图7−20　餐厅空间配色——浅暖色

图7−21　餐厅空间配色——高纯度暖色

图7−22　餐厅空间配色——浅冷色

图7-23　餐厅空间配色——白色

图7-24　餐厅空间配色——深暖色

图7-25　餐厅空间配色——同相型配色

图7-26　餐厅空间配色——对决型配色

图7-27　餐厅空间配色——多相型配色

图7-28　餐厅空间配色——温馨的色彩

7.2.2　餐厅配色的影响因素

（1）使用者因素

①使用者喜好分析：餐厅是家人用餐、聚会的主要空间，配色在满足使用者用餐的本位需求的同时也要考虑使用者对餐厅的心理需求，比如用餐人数较少，配色就要尽量温馨，避免给人冷清的感受（见图7-28）。

②生活方式分析：配色还要考虑业主及家人的用餐习惯，平时以中餐为主还是西餐为主，在家吃三餐还是只吃晚餐，是否有其他亲人或客人来家里用餐，是否饮酒等。不同的用餐习惯对餐厅的配色有一定的影响，比如主人喜欢浪漫的烛光晚餐，在配色上就要考虑营造浪漫、唯美的氛围（见图7-29），若主人喜欢宴请客人饮酒聊天，则配色就应该考虑营造热烈、欢快的氛围（见图7-30）。

（2）空间因素

餐厅通常分为独立的餐厅空间和与其他空间相连的餐厅区域。独立的餐厅空间配色可以自成体系，但和其他空间相连通则要进行统筹考虑，要保证餐厅区域与相邻区域配色的整体性、协调性，不要将两个功能区域割裂开。

图7-29 餐厅空间配色——浪漫的色彩

图7-30 餐厅空间配色——愉悦的色彩

图7-31 餐厅空间配色——主角色布置

图7-32 餐厅空间配色——背景色选择

（3）风格氛围因素

①风格因素分析：了解家居空间拟采用的装饰风格，有利于根据风格确定空间的色彩、色调和色彩搭配类型。

②氛围因素分析：了解餐厅拟营造的氛围，有利于根据氛围确定空间的色彩、色调和色彩搭配类型。家居空间中，餐厅可以产生以下几种氛围：华丽、古典、时尚、休闲、清新、自然、温馨、愉悦、浪漫、诱惑等。

7.2.3 餐厅的规划与四角色分析

餐厅可分为独立餐厅空间和非独立餐厅区域。根据餐厅形式、餐厅面积、餐桌形状及用餐人数，可将餐桌放置在空间中心或靠墙放置。当餐桌和餐椅色彩一致时，它们共同构成餐厅的主角色，当餐椅与餐桌不一致时，可将餐椅作为配角色。

餐厅除摆放餐桌椅外，还可放置餐边柜、酒柜等辅助设施。餐边柜体量较小，通常作为配角色出现，酒柜体量大且通常依附于墙面，通常作为背景色出现，餐厅的背景色还包括背景墙的色彩。

餐厅的点缀色主要在餐具、酒具、烛台、桌旗、桌布、餐巾、果盘、花卉、器皿等；酒柜上通常摆放酒及酒具、装饰品等。根据餐厅风格背景墙通常会选择适合的画品、照片、镜面等平面装饰品进行点缀。

7.2.4 餐厅配色的基本方法

（1）确定餐厅的主体色

餐厅空间中餐桌椅作为视觉中心，通常放置于空间中心区域，以背景墙或酒柜为依靠，可配合摆放餐边柜。餐桌椅作为餐厅的主角色，色彩通常由所购买的家具产品决定，可根据背景色及空间风格选择适合的桌椅，也可以选择桌椅、酒柜等产品后再搭配适合的背景色（见图7-31）。

餐厅的背景色一方面考虑满足空间环境及使用者需求，另一方面要注重与主角色的配色效果（见图7-32）。

（2）确定配色类型

餐桌椅色彩和背景色之间的关系基本上能体现空间的配色类型。配色类型可根据主人喜好确定，也可以根据空间风格或氛围确定，一般餐厅的配色类型为同相型、类似型配色较多。

（3）调整配色方案

当主体色及配色类型全部确认后，可通过观察寻找配色方案还有哪些问题需要调整。

①观察配色效果是否符合要求：检查配色效果是否满足使用者要求，是否与空间环境相适应，是否与空间风格和氛围

图7-33　餐厅空间配色——餐桌布置

图7-34　餐厅空间配色——餐桌布艺

图7-35　餐厅空间配色——酒柜布置

相符合。

②观察配色效果是否和谐：配色效果不和谐可能是色彩数量过多、色彩对比大或色调不统一导致的，在调整配色方案时首先考虑这些因素。

③观察配色是否单调：如果配色没有达到预期的对比效果，可以通过添加点缀色进行调整。

（4）布置点缀色

当主体色全部调整完毕，再根据目前的配色情况进行点缀色的添加。点缀色要根据主体色彩的情况确定，如果空间本身色彩已经很多或对比比较强烈，点缀色就要选择已出现的色彩提高纯度进行呈现；如果空间本身配色效果比较单一，则可以选与主体色差距较大的色彩作为点缀色，来丰富配色效果。

餐厅空间的点缀色可以通过以下形式进行添加：

①餐桌面增设餐具、酒具、果盘、花卉等：餐具、酒具等多为白色、透明色或金属色，能增添餐桌精致、华丽的效果；花卉、果盘色彩比较艳丽，能丰富餐桌的色彩，营造愉悦、欢快的氛围（见图7-33）。

②餐桌、餐椅可增设餐桌布、桌旗、餐巾、椅套、椅垫、靠枕等：餐桌的布艺材料色彩饱和度高、质地柔软，能增添餐桌温馨、舒适的配色效果（见图7-34）。

图7-36　餐厅空间配色——背景墙布置

③酒柜上增设酒瓶、装饰品等：酒柜的装饰从色彩角度看主要为丰富空间配色，作为背景部分，酒柜的点缀色要避免色彩过多、过杂，喧宾夺主，也要避免没有亮点，让配色效果过于平淡（见图7-35）。

④背景墙加画品、镜面等：背景墙如面积较大且没有造型装饰时会显得比较乏味，为很好地吸引视线，形成视觉中心，可以在墙面布置画品、镜面、半立体装饰品等装饰丰富背景墙色彩（见图7-36）。

任务实施

（1）布置学习任务

明确学习任务的内容、目标、要求，特别是设计性工作任务的内容、目标、要求及完成学习性工作任务所需要掌握的理论知识、方法、途径和步骤，明确可利用的资源，要求学生课前按思考与复习要求完成知识储备部分内容的预习。

（2）理论知识引导学习

采用教师主导、学生为主体、理论与实践相结合的教学方法完成知识储备部分理论知识的学习。

（3）制定餐厅空间的配色方案并表现

根据餐厅空间功能及教师设定的使用者情况、空间环境、空间风格和氛围等制定客厅空间的初步配色方案，找出适合的色彩、色调和配色类型，确定空间配色的四角色；按配色方案填充色彩，将配色效果图制作成演示文稿并撰写设计说明。

（4）方案汇报

每组派1~2名同学进行方案的展示和讲解，师生共同提出优点及修改意见。

（5）方案的修改与提交

经过对方案的二次修改完善后进行配色方案的提交。

总结评价

学生完成学习任务后，教师根据学生对知识的掌握情况、完成作业的准确情况和学习态度进行评价，肯定优点的同时提出改进意见。

思考与复习

1. 餐厅的功能有哪些？在配色上应注意什么？
2. 餐厅空间配色设计要考虑使用者的因素有哪些？
3. 餐厅空间配色的四角色是如何布置的？
4. 餐厅空间适合的色彩和色调有哪些？
5. 餐厅空间适合的配色类型有哪些？
6. 如何调整餐厅空间的配色效果？

巩固训练

以自己或同学家的餐厅或餐区为例，按照自己或同学家庭的实际情况进行餐厅或餐区的配色方案设计，先了解使用者对空间色彩的喜好和需求，明确空间环境情况；进行空间风格和氛围的定位；制定空间的主色、色调和配色类型，确定四角色，最后完成餐厅或餐区整体配色方案的设计，并以效果图和演示文稿的形式进行表现。

7.3　制定卧室空间配色方案

工作任务

任务目标

通过学习了解卧室空间配色的目的与意义；明确卧室空间包含哪些功能区域，这些区域对色彩的要求有哪些；掌握卧室空间常用的色彩有哪些，这些色彩的色调如何，怎样搭配，有什么技巧；能够根据所学内容准确地进行卧室空间的配色方案设计，并能独立完成设计方案的配色分析、方案表达和配色设计说明。

任务描述

本任务通过知识储备部分内容的学习，完成设计性工作任务——卧室配色方案制作。首先分析卧室空间功能适合色彩、色调及配色类型，再根据各方面影响因素对配色进行进一步确定，将色彩落实到空间，绘制配色效果图进行展现，并撰写配色方案分析和设计说明，最终形成一套完整的卧室空间的配色设计方案，以演示文稿的形式进行体现。

工作情景

工作地点：多媒体教室。

工作场景：学生在教师指导下分析卧室空间的功能对色彩及配色的要求，再根据教师设定的使用者和空间情况拟定空间的色彩、色调、配色类型、四角色等具体内容后形成初步方案，小组内进行可行性论证，确定后按照初步配色方案完成配色效果图的绘制；根据卧室空间配色的方法以效果图展示为主、文字分析说明为辅的形式形成配色整体方案的演示文稿；每组派1~2名同学进行方案的展示和讲解，师生共同提出优点及修改意见，经过对方案的二次修改完善后进行配色方案的提交。

知识储备

7.3.1　卧室功能与配色定位

卧室是休闲、休息、睡眠的场所，是住宅空间中必不可少的区域。卧室在空间属性上属于较为安静的私密性空间，使用者在忙碌一天之后很希望能有个舒适、放松的空间区域，能很好地满足人好好休息的心理需求，在配色设计方面要考虑舒适、健康、放松的特性，不必刻意装饰（见图7-37）。

（1）色彩和色调

卧室的色彩要让人感觉自然、放松，可以考虑运用柔和的浅暖色，营造温馨、舒适的氛围（见图7-38）；也可以采用浅冷色打造清新、舒爽的卧室空间（见图7-39）；白色、浅灰色系的卧室空间，给人干净、清新、时尚的配色效果（见图7-40）；粉色系、紫色系的卧室能够营造浪漫的氛围（见图7-41）；淡色调的蓝色、青色、绿色能够营造轻盈、梦幻的卧室空间（见图7-42）；明色调能够营造明朗、健康的

图7-37　卧室空间配色

图7-38　卧室空间配色——浅暖色系

图7-39　卧室空间配色——浅冷色系

图7-40　卧室空间配色——白色

图7-41　卧室空间配色——粉色系

图7-42　卧室空间配色——淡色调青色

图7-43　卧室空间配色——明色调

图7-44　卧室空间配色——浓色调

图7-45　卧室空间配色——同相型配色

卧室氛围（见图7-43）；浓色调的卧室感觉高档、庄重，能体现主卧在所有居室空间中的核心地位（见图7-44）。

（2）配色类型

①同相型、类似型配色：给人干净整齐、时尚安稳的感觉，比较适合卧室空间（见图7-45）。

②对决型、准对决型配色：色彩对比较强，不太适合卧室的空间性质，但如调整好色调也可以使用，能营造活泼、时尚的卧室氛围（见图7-46）。

③多相型配色：卧室可采用三角型、四角型甚至全相型配色，但要注意色彩越多卧室空间安静、放松的感觉越弱，比较适合年轻人或未成年人的卧室使用（见图7-47）。

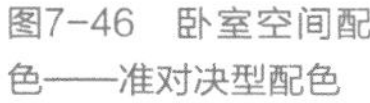
图7-46　卧室空间配色——准对决型配色

图7-47　卧室空间配色——三角型配色

7.3.2　卧室配色的影响因素

（1）使用者因素

①功能需求分析：卧室是使用者一天之中停留时间最长的空间，其主要功能是睡眠、休息，此外使用者还可以在这个空间里休闲、放松，因此卧室的配色要满足使用者休息、休闲的需求，营造能够让人平静、放松的空间环境。

②主人喜好分析：卧室是使用者的私属领地，因此卧室的配色方案设计需要充分考虑不同性别（见图7-48和图7-49）、不同年龄阶段使用者的喜好和心理需求，既满足使用者对色彩的个性化要求，又能通过配色营造出使用者喜好的空间氛围（见图7-50至图7-53）。

③生活方式分析：卧室作为私密空间，除睡眠和休息之外，不同使用者的不同生活方式也会影响卧室空间的配色；卧室有时还可以满足使用者休闲、娱乐的需求，比如有的使用者喜欢在卧室阅读、上网、看影视剧等，有的家居空间面积有限或家庭成员较多，也会在卧室内摆放书桌、电脑桌等，有的使用者甚至白天会在卧室内工作、学习。为保证卧室功能区域的独立性和完整性，尽量不将与卧室功能不符的功能区布置在卧室内，以免破坏卧室的空间氛围，甚至影响使用者的休息和健康，若迫于条件限制必须为之，就要尽量满足不同功能区域的配色需求（见图7-54）。

图7-48　卧室空间配色——男性卧室

图7-49　卧室空间配色——女性卧室

图7-50　卧室空间配色——儿童卧室

图7-51　卧室空间配色——青少年卧室

图7-52　餐厅空间配色——中年人卧室

图7-53　卧室空间配色——老年人卧室

图7-54　卧室空间配色——功能分区配色

（2）空间因素

卧室的朝向采光情况、环境气候情况、面积和高度情况等对确定空间的色彩及配色类型有影响。

（3）风格氛围因素

①风格因素分析：了解卧室拟采用的装饰风格，有利于根据风格确定空间的色彩、色调和色彩搭配类型。

②氛围因素分析：了解卧室拟营造的氛围，有利于根据氛围确定空间的色彩、色调和色彩搭配类型。

家居空间中，卧室作为主要的休息区域，可以有以下几种氛围：温馨、时尚、休闲、清新、自然、浪漫、激情等。

7.3.3　卧室的规划与四角色分析

成年人的卧室摆放通常比较常规，以双人床作为空间的主体，床头板装饰性较强，两侧衬以床头柜和床头灯，对称摆放，床尾可放置床尾榻，增强功能性。卧室内还可设有储物柜，通常布置在入口附近，卧室里侧还可设置休闲区。

卧室的核心区域是由床、床头柜、床尾榻等家具及床上的布艺装饰品组成的睡眠区域，空间的主角色、配角色尽出于此。背景墙也是该空间的主要装饰立面，是空间的背景色；空间配角色还可以是床附近的其他休息或休闲功能的区域，如摆放躺椅、休闲座椅、沙发、衣柜等；空间的点缀色可以是床头柜上摆放的台灯或装饰品，可以是床上比较小的布艺装饰，也可以是背景墙上的画品。

7.3.4　卧室配色的基本方法

（1）确定空间的主体色

卧室的主体色主要指背景墙的色彩和睡眠区域的主要色彩，我们可以先根据卧室拟采用的风格确定床及其他配套家具的基本式样和色彩，也就是空间的主角色。主角色确定后，根据拟采用的风格或氛围确定空间的整体色调和配色类型，也就是确定空间的背景色。

（2）确定配色类型

卧室空间内布艺产品的色彩在整个空间配色中占有很重要的位置，其中分量最重的是床单和窗帘。

当我们找到了确定主体色的依据，就可以确定全部或一部分主体色，接下来再通过分析来确定配色类型。配色类型可根据主人喜好确定，也可以根据空间风格或氛围确定。

色彩和配色类型的选择可以交替进行，比如先确定一种主色，再确定配色类型，再根据配色类型的需要确定其他主色；或确定了全部主色，直接根据主色之间的色彩关系确定配色类型。

（3）调整配色方案

当主体色及配色类型全部确认后，可通过观察寻找配色方案还有哪些问题需要调整。

①观察配色效果是否符合要求：检查配色效果是否满足使用者要求，是否与空间环境相适应，是否与空间风格和氛围相符合。

②观察配色效果是否和谐：配色效果不和谐可能是色彩数量过多、色彩对比大或色调不统一导致的，在调整配色方案

图7-55　卧室空间配色——床品

图7-56　卧室空间配色——窗帘、床幔

图7-57　卧室空间配色——灯具

图7-58　卧室空间配色——画品

时首先考虑这些因素。

③观察配色是否单调：如果配色没有达到预期的对比效果，可以通过添加点缀色进行调整。

（4）布置点缀色

当主体色全部调整完毕，再根据目前的配色情况进行点缀色的添加。点缀色要根据主体色彩的情况确定，如果空间本身色彩已经很多或对比比较强烈，点缀色就要选择已出现的色彩提高纯度进行呈现；如果空间本身配色效果比较单一，则可以选择与主体色差距较大的色彩作为点缀色，来丰富配色效果。

卧室空间的点缀色可以通过以下形式进行添加：床品靠枕（见图7-55）；窗帘、床幔（见图7-56）；床头灯具、装饰品（见图7-57）；背景墙画品（见图7-58）。

任务实施

（1）布置学习任务

明确学习任务的内容、目标、要求，特别是设计性工作任务的内容、目标、要求及完成学习性工作任务所需要掌握的理论知识、方法、途径和步骤，明确可利用的资源，要求学生课前按思考与复习要求完成知识储备部分内容的预习。

（2）理论知识引导学习

采用教师主导、学生为主体、理论与实践相结合的教学方法完成知识储备部分理论知识的学习。

（3）制定卧室空间的配色方案并表现

根据卧室空间功能及教师设定的使用者情况、空间环境、空间风格和氛围等制定客厅空间的初步配色方案，找出适合的色彩、色调和配色类型，确定空间配色的四角色；按配色方案填充色彩，将配色效果图制作成演示文稿并撰写设计说明。

（4）方案汇报

每组派1~2名同学进行方案的展示和讲解，师生共同提出优点及修改意见。

（5）方案的修改与提交

经过对方案的二次修改完善后进行配色方案的提交。

总结评价

学生完成学习任务后，教师根据学生对知识的掌握情况、完成作业的准确情况和学习态度进行评价，肯定优点的同时提出改进意见。

思考与复习

1. 卧室的功能有哪些？在配色上应注意什么？
2. 卧室空间配色设计要考虑使用者的因素有哪些？
3. 卧室空间配色的四角色是如何布置的？
4. 卧室空间适合的色彩和色调有哪些？
5. 卧室空间适合的配色类型有哪些？
6. 如何调整卧室空间的配色效果？

巩固训练

以自己的卧室或寝室为例，按照自己或亲人、朋友的实际情况进行卧室的配色方案设计。先了解使用者对空间色彩的喜好和需求，明确空间环境情况；进行空间风格和氛围的定位；制定空间的主色、色调和配色类型，确定四角色，最后完成卧室整体配色方案的设计，并以效果图和演示文稿的形式进行表现。

7.4 制定儿童房空间配色方案

工作任务

任务目标

通过学习了解儿童房空间配色的目的与意义；明确儿童房空间包含哪些功能区域，这些区域对色彩的要求有哪些；掌握儿童房空间常用的色彩有哪些，这些色彩的色调如何，怎样搭配，有什么技巧；能够根据所学内容准确地进行儿童房空间的配色方案设计，并能独立完成设计方案的配色分析、方案表达和配色设计说明。

任务描述

本任务通过知识储备部分内容的学习，完成设计性工作任务——儿童房配色方案制作。首先分析儿童房空间功能适合色彩、色调及配色类型，再根据各方面影响因素对配色进行进一步确定，将色彩落实到空间，绘制配色效果图进行展现，并撰写配色方案分析和设计说明，最终形成一套完整的儿童房空间的配色设计方案，以演示文稿的形式进行体现。

工作情景

工作地点：多媒体教室。

工作场景：学生在教师指导下分析儿童房空间的功能对色彩及配色的要求，再根据教师设定的使用者和空间情况拟定空间的色彩、色调、配色类型、四角色等具体内容后形成初步方案，小组内进行可行性论证，确定后按照初步配色方案完成配色效果图的绘制；根据儿童房空间配色的方法以效果图展示为主、文字分析说明为辅的形式形成配色整体方案的演示文稿；每组派1~2名同学进行方案的展示和讲解，师生共同提出优点及修改意见，经过对方案的二次修改完善后进行配色方案的提交。

知识储备

7.4.1　儿童房功能与配色定位

儿童房是供未成年人休闲、休息、睡眠、学习、玩耍、储物的空间，未成年人思维活跃、三观未定，对生活环境抱有一种好奇和探索的态度。因此，在室内造型设计、配色设计、配饰设计等方面要考虑新奇、美观、符合未成年人审美的特性。

儿童房是未成年人成长过程中的一个重要场所，因此，儿童房在配色设计上应选择适合儿童心理特点及个人喜好的色彩及色彩组合。由于未成年人随着成长阶段、性别以及性格的不同，在心理上对色彩的需求和审美都有差别，所以，儿童房的色彩要根据未成年人的不同性别和年龄以及爱好等因素进行综合性的设计和考虑。

（1）色彩与色调

儿童房在色彩方面要求尽量采用高纯度、高明度的色彩，如红、橙、黄、绿、蓝、紫、粉，这些色彩可单独选用，也可搭配运用，只需根据使用者年龄、性别、喜好等进行合理配置就能达到好的配色效果（见图7-59）。儿童房不适宜色调过于浓重、灰暗的色彩，或是过于老气、没有活力的配色，会给儿童带来压抑、沉闷，甚至恐怖的感觉，会影响儿童的身体及心理健康。

淡色调儿童房给人轻盈、柔软、梦幻的感觉，适合婴儿房、女孩房、少女房（见图7-60）；明色调产

图7-59　儿童房空间配色

图7-60　儿童房空间配色——淡色调

生清新、阳光、愉悦的感觉，适合儿童房、少年房（见图7-61）；强色调给人健康、活泼的感觉，适合小童阶段的儿童房，但要注意背景色纯度不要过高（见图7-62）；浓色调给人沉稳、高档的感觉，适合少男房（见图7-63），婴儿、儿童阶段的儿童房不建议使用。

（2）配色类型

①同相型配色：色彩统一，配色效果直接受色彩本身的印象影响。儿童房常用粉、紫、蓝、绿色系作为单色配色的主色。适合年龄稍大、审美趋于理性的少年阶段使用者（见图7-64）。

②类似型配色：色彩差距小，产生和谐、宁静的配色效果。儿童房常用粉紫色、蓝绿色、橙黄色搭配等，适合大童阶段或少年阶段（见图7-65）。

③准对决型配色：营造活泼、健康的空间效果，可用作婴儿房、儿童房配色（见图7-66）。

④对决型配色：产生强烈的色彩对比，给人健康、积极、时尚的感觉，适合儿童房、少年房（见图7-67）。

⑤多相型配色：儿童房可采用三角型、四角型甚至全相型配色，色彩越丰富配色效果越活泼，能营造浪漫、多彩的空间氛围，同时也能对视觉产生刺激，有利于幼儿的视觉发育，因此多相型配色更适合婴幼儿的空间（见图7-68）。

图7-61　儿童房空间配色——明色调

图7-62　儿童房空间配色——强色调

图7-63　儿童房空间配色——浓色调

图7-64　儿童房空间配色——同相型配色

图7-65　儿童房空间配色——类似型配色

图7-66　儿童房空间配色——准对决型配色

图7-67　儿童房空间配色——对决型配色

图7-68　儿童房空间配色——多相型配色

7.4.2 儿童房配色的影响因素

儿童房的配色在很大程度上受使用者年龄阶段、性别、喜好等影响，这也是儿童房配色方案设计的重要因素。儿童房的配色受空间环境因素的影响与其他空间配色基本相同；儿童房配色不太考虑空间风格、氛围的影响。

（1）使用者年龄阶段分析

①婴儿阶段（0~1岁）：婴儿没有选择色彩喜好的能力，所以此阶段儿童房配色一般由其监护人来代替选择，通常会选择看起来高档、纤细、柔软的淡色调的色彩（见图7-69）。此外，婴儿阶段正处于对色彩的认知力和感受力培养的阶段，空间采用鲜艳、丰富的配色，有利于对视觉产生刺激，促进婴儿的视力发育，因此，也可以考虑使用多相型配色。

②小童阶段（2~6岁）：该阶段儿童正处于对世界的认知阶段，在配色方面也比较倾向于丰富、艳丽的色彩搭配或健康活泼的较强对比的配色类型（见图7-70）。

③大童阶段（7~13岁）：大童对色彩的喜好逐渐由鲜艳、丰富向洁净、淡雅转变，同时，此阶段使用者性别意识增强，对色彩的喜好开始有了性别差异（见图7-71）。

④少年阶段（14~18岁）：此阶段的未成年人审美趋向理性，对色彩的喜好也更明确，更具个性，他们通常更喜欢清新、淡雅的高明度色彩或是个性十足的浓色调色彩、时尚另类的无彩色系色彩等（见图7-72）。他们甚至可能对鲜艳丰富的配色嗤之以鼻，与小童阶段产生强烈的反差。

（2）使用者性别分析

使用者的性别对儿童房的配色也起到了决定性的作用，无论是哪个年龄阶段，男性通常更喜欢蓝色、绿色，女性则更喜欢红色、粉色、橙色、黄色等；在色调、配色类型上男性与女性也有一定的差异（见图7-73和图7-74）。

图7-69 儿童房空间配色——婴儿阶段配色

图7-70 儿童房空间配色——小童阶段配色

图7-71 儿童房空间配色——大童阶段配色

图7-72 儿童房空间配色——少年阶段配色

图7-73 儿童房空间配色——适合男孩的配色

图7-74 儿童房空间配色——适合女孩的配色

7.4.3 儿童房的规划与四角色分析

①婴儿房：婴儿没有自理能力，需要成人陪护，空间多为环绕型布置。设施有婴儿床、单人座椅、衣柜、杂物柜等。通常以面积较大的色彩为主角色，面积次之的色彩为配角色。

②小童房：该阶段儿童正处于对世界的认知阶段，除睡眠时间外多数时间是以玩耍为主，房间的常规布置为床在里侧，衣柜在外侧，空间中心为娱乐、玩耍的区域；主体色通常也是床的色彩，配角色视情况而定。

③大童房：此阶段儿童生活重心由玩耍向学习过渡，空间内需增设学习区域，且应与娱乐区分隔开。空间的主角色通常为床的色彩，配角色为书桌的色彩。

④少年房：此阶段青少年生活重心主要是学习和休息，可适当增设休闲区域。床的体量增加，为主角色，书桌或衣柜可为配角色。

7.4.4 儿童房配色的基本方法

（1）确定空间的主体色

儿童房的主体色主要指空间中的背景色或主角色，通常根据使用者的年龄阶段、性别、喜好等因素进行确定。

①婴儿阶段：根据成年人对婴儿的理解，选择蓝、粉、黄、紫、绿等色彩，色调选择看起来干净、柔软的淡色调或明色调。

②小童阶段：比较喜欢鲜艳的、刺激性强的色彩组合，色调可选择纯度较高的明色调或强色调。

③大童阶段：比较适合高明度的配色，女孩偏向于高明度的粉色、蓝色、紫色，男孩倾向于高纯度或高明度的蓝色系、绿色系、黄色系等。

④少年阶段：色彩的选择趋向于理性、时尚、个性的深蓝色系、浅绿色系、淡黄色系、粉紫色系、无彩色系等。

（2）确定配色类型

儿童房的配色类型直接影响空间氛围，要根据使用者特点和喜好确定拟营造的空间氛围，再进一步确定空间的配色类型。

①婴儿阶段：婴儿房为了达到整洁的效果，经常使用同类色、类似色的搭配，也可使用对决型、准对决型配色营造具有视觉冲击力的配色效果。

②小童阶段：对决型、准对决型、三角型、四角型、全相型配色都能营造活泼、多彩的配色效果。

③大童阶段：配色类型多为同相型、类似型，更好地营造恬淡、沉稳的儿童房氛围。

④少年阶段：趋向于安静、简洁的配色类型，如同相型、类似型配色，也可采用对决型或准对决型配色，但要注意色调的调节。

（3）调整配色方案

根据配色类型确定其他色彩，儿童房虽然不限制配色的色彩数量，但如想保证和谐、美观的配色效果，还需要对每种色彩的色调、面积、排列布置等进行有效控制。

（4）布置点缀色

儿童房中的点缀色能起到丰富空间色彩、活跃空间氛围的作用。通常在色彩的选择上看似没有限制，但还是要讲究策略的。如配色整体色彩较多或色彩对比较强，则尽量选择空间中出现过的色彩进行点缀；如

图7-75　儿童房空间配色——点缀色效果

图7-76　儿童房空间配色——软装效果

空间中色彩较少，则可考虑选择其他色彩进行搭配，但要注意控制色彩的数量、面积和色调，以免给人凌乱、别扭的感受（见图7-75）。

由于儿童成长较快，为既能满足儿童不同成长时期对空间色彩的喜好又能节省装修成本，可考虑使用低纯度的背景色，通过搭配不同色彩的软装，以满足儿童对空间色彩的需求（见图7-76）。

任务实施

（1）布置学习任务

明确学习任务的内容、目标、要求，特别是设计性工作任务的内容、目标、要求及完成学习性工作任务所需要掌握的理论知识、方法、途径和步骤，明确可利用的资源，要求学生课前按思考与复习要求完成知识储备部分内容的预习。

（2）理论知识引导学习

采用教师主导、学生为主体、理论与实践相结合的教学方法完成知识储备部分理论知识的学习。

（3）制定儿童房空间的配色方案并表现

根据儿童房空间功能及教师设定的使用者情况、空间环境、空间风格和氛围等制定客厅空间的初步配色方案，找出适合的色彩、色调和配色类型，确定空间配色的四角色；按配色方案填充色彩，将配色效果图制作成演示文稿并撰写设计说明。

（4）方案汇报

每组派1~2名同学进行方案的展示和讲解，师生共同提出优点及修改意见。

（5）方案的修改与提交

经过对方案的二次修改完善后进行配色方案的提交。

总结评价

学生完成学习任务后，教师根据学生对知识的掌握情况、完成作业的准确情况和学习态度进行评价，肯定优点的同时提出改进意见。

思考与复习

1. 儿童房的功能有哪些？在配色上应注意什么？
2. 儿童房空间配色设计要考虑使用者的因素有哪些？
3. 儿童房空间配色的四角色是如何布置的？
4. 儿童房空间适合的色彩和色调有哪些？

5. 儿童房空间适合的配色类型有哪些?
6. 如何调整儿童房空间的配色效果?

巩固训练

以寝室或其他适合的空间为例，按照自己不同成长阶段的实际情况进行儿童房配色方案设计，先回忆自己在某一个成长阶段中对空间色彩的喜好和需求，明确空间环境情况；进行空间风格和氛围的定位；制定空间的主色、色调和配色类型，确定四角色，最后完成儿童房整体配色方案的设计，并以效果图和演示文稿的形式进行表现。

7.5 制定书房空间配色方案

工作任务

任务目标

通过学习了解书房空间配色的目的与意义；明确书房空间包含哪些功能区域，这些区域对色彩的要求有哪些；掌握书房空间常用的色彩有哪些，这些色彩的色调如何，怎样搭配，有什么技巧；能够根据所学内容准确地进行书房空间的配色方案设计，并能独立完成设计方案的配色分析、方案表达和配色设计说明。

任务描述

本任务通过知识储备部分内容的学习，完成设计性工作任务——书房配色方案制作。首先分析书房空间功能适合色彩、色调及配色类型，再根据各方面影响因素对配色进行进一步确定，将色彩落实到空间，绘制配色效果图进行展现，并撰写配色方案分析和设计说明，最终形成一套完整的书房空间的配色设计方案，以演示文稿的形式进行体现。

工作情景

工作地点：多媒体教室。

工作场景：学生在教师指导下分析书房空间的功能对色彩及配色的要求，再根据教师设定的使用者和空间情况拟定空间的色彩、色调、配色类型、四角色等具体内容后形成初步方案，小组内进行可行性论证，确定后按照初步配色方案完成配色效果图的绘制；根据书房空间配色的方法以效果图展示为主、文字分析说明为辅的形式形成配色整体方案的演示文稿；每组派1~2名同学进行方案的展示和讲解，师生共同提出优点及修改意见，经过对方案的二次修改完善后进行配色方案的提交。

知识储备

7.5.1　书房功能与配色定位

书房是供主人或家庭其他成员阅读、书写、休闲、会客的场所，私密性要求较高，在配色设计上应选择适合书房功能特点及符合使用者个人喜好的色彩及色彩组合。同时，书房配色还应体现沉稳、儒雅、庄严的空间印象。

（1）色彩与色调

书房作为一个需要安静的空间，配色上适合纯度适中、让人感觉平静的色彩及色彩组合。避免大面积使用高纯度的暖色，以免让人产生兴奋、冲动的感觉，不利于长时间集中精力；高纯度的冷色让人感觉消极、抑郁，容易影响使用者心情；过于灰暗的色彩容易让人精神倦怠，不利于提高工作效率。

淡色调比较适合书房空间配色，能营造出安静、清爽的感觉，有利于使用者放松心情，进入阅读或学习状态（见图7-77）；明色调产生清新、阳光、愉悦的感觉，能使使用者得到舒适的刺激，有利于振奋精神，投入工作，也可作为书房的色调（见图7-78）；强色调给人健康、活泼的感觉，但不容易使人安静，不太适合书房，使用时要注意控制色彩数量和面积或使用大面积的无彩色系进行调节（见图7-79）；浓色调给人沉稳、高档的感觉，适合中年人或男性使用的书房（见图7-80）；暗色调书房虽然也很沉稳、庄重，但也容易给人昏暗、压抑的感觉，采光不好或面积较小的书房不太适合（见图7-81）。

（2）配色类型

①同相型配色：适合营造书房沉稳、安静的氛围，在书房配色中经常使用（见图7-82）。

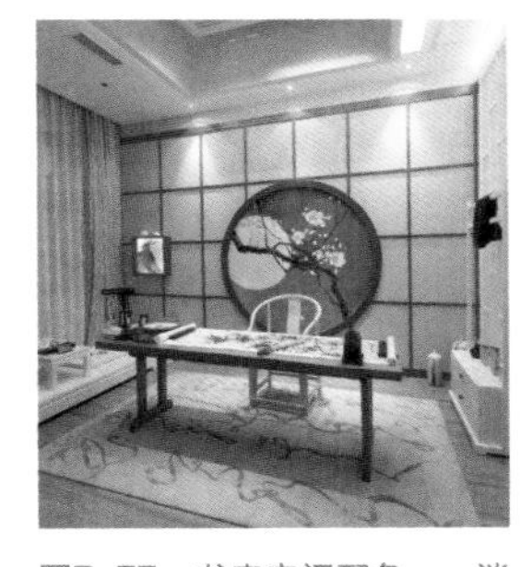

图7-77　书房空间配色——淡色调

图7-78　书房空间配色——明色调

图7-79　书房空间配色——强色调

图7-80　书房空间配色——浓色调

图7-81　书房空间配色——暗色调

图7-82　书房空间配色——同相型配色

图7-83 书房空间配色——类似型配色

图7-84 书房空间配色——准对决型配色

图7-85 书房空间配色——多相型配色

②类似型配色：色彩差距小，产生和谐、宁静的配色效果，书房中也经常使用（见图7-83）。

③准对决型、对决型配色：营造活泼、健康、时尚、积极的空间效果，常规的书房较少采用此种配色，但可作为青年人工作、上网、娱乐区域的配色（见图7-84）。

④多相型配色：书房不太适合三角型、四角型甚至全相型配色，色彩越丰富，书房空间安静、沉稳的氛围越容易被破坏，容易降低使用者学习、阅读的注意力和效率。如要使用，注意控制色彩的数量、面积及色调（见图7-85）。

7.5.2 书房配色的影响因素

（1）使用者因素

书房是家居空间中重要的工作、学习、休闲的空间，功能性较强，是使用者会长时间停留的空间，因此书房的配色一定要符合使用者的需求和喜好。

①使用者需求分析：家居空间中的书房通常是阅读、学习、上网的区域，有时根据使用者的不同需求还可作为工作室、画室、办公室、家庭网吧、棋牌室、陈列室、茶室等。在配色时，要根据使用者的具体使用需求进行空间色彩的设计，以营造与空间功能相符的氛围。

②使用者喜好分析：书房作为使用者工作、休闲的主要空间，其配色也要充分考虑使用者的年龄、性别等因素。如作为老年人写书法、下棋、品茗的书房，配色要体现沉静、淡然的意境；而作为年轻人上网、打游戏的家庭网吧，配色就可以很时尚、有激情。

（2）风格氛围因素

①风格因素分析：书房的风格应该与整个家居空间的风格相一致，书房的配色也要在风格的基础上进行配置。

②氛围因素分析：书房作为工作、学习、休闲的区域，适宜的氛围包括庄严、沉静、雅致、清新、时尚、洁净等。

7.5.3 书房的规划与四角色分析

通常我们以书桌、书柜区域作为书房空间的主角色；书房内的休闲区、会客区等其他功能区域体量稍小，作为配角色出现；书房的点缀色可以以书柜上的装饰品、背景墙装饰画等形式出现。

7.5.4　书房配色的基本方法

（1）书桌、书柜色彩的选择

书房内书桌、书柜的色彩通常是一致的，常见的色彩有木色系、白色、黑色等，可根据书房的风格、氛围及使用者的喜好进行选择。

（2）背景色的选择

打造宁静、雅致、庄严等氛围的书房，应选择和主角色一致或相近的色彩作为背景色；而打造时尚、激情、动感氛围的工作室，则可以选择与主角色对比较大的背景色，具体应视书房拟打造的风格和氛围而定。

（3）点缀色的添加

传统形式的同相型配色书房很容易给人单调、古板的感受，加入点缀色进行调节是非常有必要的。书房的点缀色主要出现在书架上，因此，想要得到好的配色效果，书架上的色彩布置是非常重要的。书架上的点缀色主要形式包括精装书籍、器皿、装饰品、古玩等（见图7-86）。

图7-86　书房空间配色——书柜装饰

任务实施

（1）布置学习任务

明确学习任务的内容、目标、要求，特别是设计性工作任务的内容、目标、要求及完成学习性工作任务所需要掌握的理论知识、方法、途径和步骤，明确可利用的资源，要求学生课前按思考与复习要求完成知识储备部分内容的预习。

（2）理论知识引导学习

采用教师主导、学生为主体、理论与实践相结合的教学方法完成知识储备部分理论知识的学习。

（3）制定书房空间的配色方案并表现

根据书房空间功能及教师设定的使用者情况、空间环境、空间风格和氛围等制定客厅空间的初步配色方案，找出适合的色彩、色调和配色类型，确定空间配色的四角色；按配色方案填充色彩，将配色效果图制作成演示文稿并撰写设计说明。

（4）方案汇报

每组派1~2名同学进行方案的展示和讲解，师生共同提出优点及修改意见。

（5）方案的修改与提交

经过对方案的二次修改完善后进行配色方案的提交。

总结评价

学生完成学习任务后，教师根据学生对知识的掌握情况、完成作业的准确情况和学习态度进行评价，肯定优点的同时提出改进意见。

思考与复习

1. 书房的功能有哪些？在配色上应注意什么？
2. 书房空间配色设计要考虑使用者的因素有哪些？
3. 书房空间配色的四角色是如何布置的？
4. 书房空间适合的色彩和色调有哪些？
5. 书房空间适合的配色类型有哪些？
6. 如何调整书房空间的配色效果？

巩固训练

以任意适合的空间为例，按照自己或同学家庭的实际情况进行书房的配色方案设计，先了解使用者对空间色彩的喜好和需求，明确空间环境情况；进行空间风格和氛围的定位；制定空间的主色、色调和配色类型，确定四角色，最后完成书房整体配色方案的设计，并以效果图和演示文稿的形式进行表现。

7.6 制定厨房空间配色方案

工作任务

任务目标

通过学习了解厨房空间配色的目的与意义；明确厨房空间包含哪些功能区域，这些区域对色彩的要求有哪些；掌握厨房空间常用的色彩有哪些，这些色彩的色调如何，怎样搭配，有什么技巧；能够根据所学内容准确地进行厨房空间的配色方案设计，并能独立完成设计方案的配色分析、方案表达和配色设计说明。

任务描述

本任务通过知识储备部分内容的学习，完成设计性工作任务——厨房配色方案制作。首先分析厨房空间功能适合色彩、色调及配色类型，再根据各方面影响因素对配色进行进一步确定，将色彩落实到空间，绘制配色效果图进行展现，并撰写配色方案分析和设计说明，最终形成一套完整的厨房空间的配色设计方案，以演示文稿的形式进行体现。

工作情景

工作地点：多媒体教室。

工作场景：学生在教师指导下分析厨房空间的功能对色彩及配色的要求，再根据教师设定的使用者和空间情况拟定空间的色彩、色调、配色类型、四角色等具体内容后形成初步方案，小组内进行可行性论证，确定后按照初步配色方案完成配色效果图的绘制；根据厨房空间配色的方法以效果图展示为主、文字分析说明为辅的形式形成配色整体方案的演示文稿；每组派1~2名同学进行方案的展示和讲解，师生共同提出优点及修改意见，经过对方案的二次修改完善后进行配色方案的提交。

图7-87　厨房空间配色——浅暖色系

知识储备

图7-88　厨房空间配色——深暖色系

7.6.1　厨房功能与配色定位

厨房是烹饪、储藏食品的场所，能满足使用者“吃”的基本生理需求，是家居空间中重要的功能空间。从装饰性上来讲，它也能很好地体现主人烹饪及用餐习惯，甚至是对待生活的态度，因此厨房的配色设计首先考虑使用者的功能需求及心理需求，其次考虑审美问题。

（1）色彩与色调

浅暖色系的厨房给人温馨、干净的感觉，有益于营造温暖的家庭氛围（见图7-87）；采用深暖色系给人高档、华丽的感觉，适合档次较高的厨房（见图7-88）；高纯度的暖色能营造激情、亮丽的厨房空间，适合喜欢时尚、热爱生活的年轻人群（见图7-89）。浅蓝色系或浅绿色系的厨房给人清爽、自然、干净、健康的感觉（见图7-90）；高纯度的冷色也能产生时尚、前卫的效果（见图7-91）；黑、白、灰及金属色厨房则给人时尚、现代的感觉（见图7-92）。避免使用污浊、浓暗的色彩，让人产生压抑、不卫生的感觉，从而影响烹饪者的情绪和用餐者的食欲。

图7-89　厨房空间配色——高纯度红色

（2）配色类型

厨房要给人干净、整洁的视觉感受，在配色类型上通常不会使用过多色彩，以避免产生花哨、喧闹的配色效果。常见的配色类型为同相型配色或类似型配色（见图7-93）。

图7-90　厨房空间配色——浅青色

图7-91　厨房空间配色——高纯度蓝色

图7-92　厨房空间配色——黑+白

图7-93　厨房空间配色——同相型配色

7.6.2　厨房配色的影响因素

（1）使用者因素

①主人喜好分析：厨房是家庭中重要的功能空间，也是使用者生活情趣以及生活态度的直接体现，因此，厨房的配色首先要满足使用者的喜好，配色效果也要能体现使用者对厨房甚至是对生活的诉求。

②烹饪习惯分析：使用者不同的烹饪及饮食习惯也需要不同的空间配色来进行配合。例如，有的家庭喜欢以煎、炒、烹、炸为主的中餐烹饪，中餐的加工油烟较重，也比较热，厨房的配色就要尽量选用冷色调配色进行调节，让人在厨房长时间工作也不会觉得烦闷、燥热；如果是以烹饪西餐为主的厨房，油烟相对较轻，可以选择暖色调，给人温馨感的同时也更能刺激人的食欲；对于有些比较讲究卫生的家庭，厨房的颜色尽量要浅一点，不容易藏污纳垢，才能满足使用者对卫生的心理诉求；有些家庭并不经常在家做饭，厨房的功能则以装饰为主，可以选择低明度的色彩，以营造厨房或高档或时尚或古典的空间氛围。

（2）空间因素

①厨房环境情况：厨房的空间环境主要指厨房的温度、干湿程度。厨房烹饪常有明火，因此温度会比其他的空间要高。如果是在炎热的南方，厨房的色彩就要尽量以清爽的冷色系进行调解。厨房内设有上下水，在一些气候比较潮湿的地区，厨房空间的环境也会比较潮湿，可以考虑使用暖色系，如黄色能给人以干燥的感觉。或避免使用低明度的冷色，以增添空间的潮湿感，让人觉得不舒服。

②厨房类型分析：家居空间中的厨房可分为独立封闭的厨房空间和开放式厨房。独立的厨房空间配色可以考虑整个厨房空间的功能和使用者的喜好进行设计，而开放式厨房空间除考虑上述因素以外，还需要考虑与其他相邻空间的色彩相协调，保证配色的整体感。

（3）风格氛围因素

①风格因素分析：厨房的装饰风格应该与客厅、餐厅等空间保持一致，因此色彩也应该参照家居的装饰风格进行选择。

②氛围因素分析：厨房空间作为居室内的主要功能区域，可以产生以下几种氛围：时尚、古典、激情、自然、清新、朴素、浪漫等。

7.6.3　厨房的规划与四角色分析

厨房的主要陈设为橱柜，它也是厨房空间的视觉中心，因此橱柜是厨房空间的主角色。厨房内的所有橱柜通常为同一色彩，但有时上下柜的颜色也可以不一致，但通常橱柜的色彩不会超过两种以上，两种色彩按面积大小划分主角色和配角色；点缀色为橱柜上的一些装饰摆件。

7.6.4　厨房配色的基本方法

（1）选择橱柜的色彩

首先要根据拟定的厨房风格、氛围以及使用者的喜好选择合适的橱柜材质，橱柜材质种类较多，不同材质其色彩及光泽度都有差异，所以要先选定材质，再在材质的基础上选择适合的色彩。

橱柜的色彩可以是单一色彩（见图7-94），也可以按上下柜体或左右柜体进行两种色彩的搭配，如上柜采用高明度色，下柜采用低明度色（见图7-95），或采用有彩色和无彩色的搭配（见图7-96）。

（2）选择面砖的色彩

选择好橱柜的色彩后，再根据厨房的风格、氛围以及使用者的喜好选择背景的色彩，也就是墙面砖和地面砖的色彩。通常小面积的厨房常用浅色面砖，浅色的面砖看起来比较干净，也有利于光线传播，让空间看起来更宽敞、明亮；面积较大的厨房则可以根据风格选择其他色彩、光泽度的面砖。

（3）点缀色

厨房作为功能性为主的空间，对点缀色的需求并不强烈，可适当添加高纯度的点缀色以活跃氛围，也可不使用点缀色，保持厨房整齐、洁净的空间氛围。

图7-94　厨房空间配色——单一色彩橱柜

图7-95　厨房空间配色——高明度色+低明度色

图7-96　厨房空间配色——有彩色+无彩色

任务实施

（1）布置学习任务

明确学习任务的内容、目标、要求，特别是设计性工作任务的内容、目标、要求及完成学习性工作任务所需要掌握的理论知识、方法、途径和步骤，明确可利用的资源，要求学生课前按思考与复习要求完成知识储备部分内容的预习。

（2）理论知识引导学习

采用教师主导、学生为主体、理论与实践相结合的教学方法完成知识储备部分理论知识的学习。

（3）制定厨房空间的配色方案并表现

根据厨房空间功能及教师设定的使用者情况、空间环境、空间风格和氛围等制定客厅空间的初步配色方案，找出适合的色彩、色调和配色类型，确定空间配色的四角色；按配色方案填充色彩，将配色效果图制作成演示文稿并撰写设计说明。

（4）方案汇报

每组派1~2名同学进行方案的展示和讲解，师生共同提出优点及修改意见。

（5）方案的修改与提交

经过对方案的二次修改完善后进行配色方案的提交。

总结评价

学生完成学习任务后，教师根据学生对知识的掌握情况、完成作业的准确情况和学习态度进行评价，肯定优点的同时提出改进意见。

思考与复习

1. 厨房的功能有哪些？在配色上应注意什么？
2. 厨房空间配色设计要考虑使用者的因素有哪些？
3. 厨房空间配色的四角色是如何布置的？
4. 厨房空间适合的色彩和色调有哪些？
5. 厨房空间适合的配色类型有哪些？
6. 如何调整厨房空间的配色效果？

巩固训练

以自己或同学家的厨房为例，按照自己或同学家庭的实际情况进行厨房的配色方案设计，先了解使用者对空间色彩的喜好和需求，明确空间环境情况；进行空间风格和氛围的定位；制定空间的主色、色调和配色类型，确定四角色，最后完成厨房整体配色方案的设计，并以效果图和演示文稿的形式进行表现。

参 考 文 献

[1] 张绮曼，郑曙．室内设计资料集［M］．北京：中国建筑工业出版社，2015.

[2] 张如画，张嘉铭，顾琛，郑丰银．设计色彩［M］．北京：中国青年出版社，2010.

[3] ArtTone视觉研究中心．配色设计速查宝典［M］．北京：中国青年出版社，2011.

[4] 沈毅．设计师谈家居色彩搭配［M］．北京：清华大学出版社，2013.

[5] 理想·宅．家居色彩设计指南［M］．北京：化学工业出版社，2014.

[6] 理想·宅．家居软装饰配色速查［M］．北京：化学工业出版社，2016.